AF607535

Acertijos y enigmas para auténticos EINSTEIN

$\sum_{n=1} a_x \cos nx + b_n \sin nx \sum_{n=1} 2x|n^2|e$ $\varphi_1(x) = \varphi_2(x)$

$\varphi_n(x) \geq \varphi_{n+1}(x)$; $f(b) = f(a)$ $S \leq \frac{1}{|\sin \frac{1}{2}|}$ $\left|\sum_{i=1}^{n} \sin\right.$

$f(x,y,z)dz \sum_{n=1}^{\infty} a_n \cos nx$; $\lim_{m\to\infty} \varphi_m(x_0) = 0$; $\frac{a_n}{2}$

$\frac{\pi}{4}$ $\iiint_{(D)} f(x,y,z)\,dT$

$\int_a^b 2x \iint_{(z)} f(x,y,z)\,dR$

S_3 M M_3 S_1 M S

$c) - \frac{a_0}{2}]dx$ $\frac{1}{|\sin \frac{1}{2}|}$ $-(n-$

$\frac{\cos\frac{1}{2}x - \cos(n+\frac{1}{2})x}{2\sin\frac{1}{2}x}$ $e^{2-(n-1)^2}$

$) \geq 0$, $R_2 = \pi ab\left(1 - \frac{z^2}{c^2}\right)$ $A = \int_r^{\infty} -\frac{m}{x^2}dx \frac{m}{x}\Big|_r^{\infty} - \frac{m}{r}$; $\left|\sum_{i=1}^{n} \sin\right.$

$)^2 - \left(\frac{y}{b}\right)^2 - 3$; $\sin x$

$(2-\sqrt{2})$ $A = \int_{V_0}^{V} \rho\, dV$ $\sum_{n=1}^{\infty}\left[\frac{nx}{1+n^2x^2} - \frac{(}{1+}\right.$

$) \geq \varphi_2(x)$

z 0 y x

$\sqrt{2})$ $\left|\sum_{i=1}^{n} \sin ix\right| = \left|\frac{\cos\frac{1}{2}x - \cos}{2\sin}\right.$

$\frac{a^3h}{6}$ $\lim_{m\to\infty}\varphi_m(x_0) = 0$; $J = \frac{\pi R^5}{5}$

Acertijos y enigmas para auténticos EINSTEIN

JUEGOS DE LÓGICA Y ROMPECABEZAS PARA MENTES BRILLANTES

Librero

Título original: *Eureka! Logic Puzzles for Really Smart People*

Hambakenwetering 8B
5231 DC 's-Hertogenbosch
Países Bajos
www.librero.nl

Ideado, editado y diseñado por Quarto Publishing plc,
un sello editorial de The Quarto Group

Directora editorial: Caroline West
Editora de proyecto: Charlene Fernandes
Diseñador: Hugh Schermuly
Directora de arte: Gemma Wilson
Directora de arte adjunta: Martina Calvio
Editora: Lorraine Dickey

Producción de la edición española:
Traducción: Mar Cortès Ruiz para Delivering iBooks & Design
Redacción y maquetación: Delivering iBooks & Design, Barcelona

Distribución exclusiva de la edición española:
Librero IBP S. L.
C/ Paseo de los Olmos, n.º 20
Planta 1.ª, oficina 7
28005 Madrid, España
www.librero-ibp.es

Printed in Guangdong Province, China TT022026
ISBN: 978-94-6499-046-1

ÍNDICE

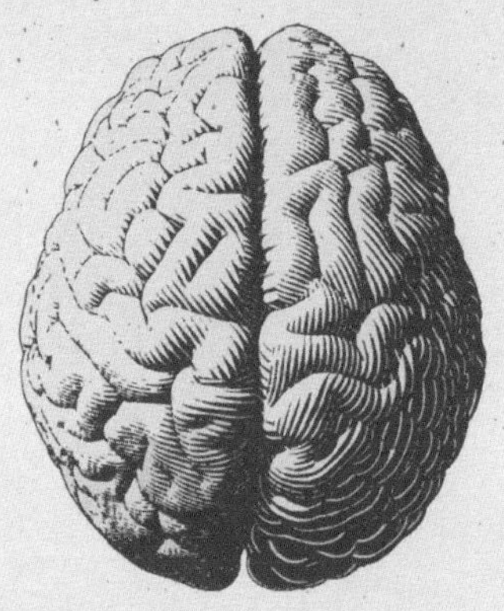

INTRODUCCIÓN

Gracias a la ciencia moderna, sabemos que una vida humana suele durar alrededor del 5,32846715 × 10^{-7} % de la edad del universo hasta la fecha: esta es la notación científica para el número 0,000000532846715 %. Este número tan pequeño hace que la vida parezca muy efímera y valiosa. Incluso puede llevar a plantearnos cuestiones como cuál es la mejor manera de aprovechar el tiempo de que disponemos, y si deberíamos dedicar parte de él a tareas aparentemente tan frívolas como resolver enigmas.

Estas cuestiones no pertenecen al ámbito de la ciencia, sino más bien al de la filosofía y la ética. ¿Cómo deberíamos vivir nuestras vidas y qué se entiende por una vida bien vivida? Responder a estas preguntas de manera sustancial proporciona pleno empleo a muchos filósofos y, por suerte, está fuera del alcance de esta introducción. Personalmente, creo que resolver enigmas es una actividad que merece mucho la pena. Un buen enigma puede hacernos reflexionar, replantearnos nuestras conjeturas, obligarnos a trabajar para obtener la respuesta y proporcionarnos una gran satisfacción al resolverlo. Los científicos resuelven enigmas constantemente. Por ejemplo, cuando buscan patrones ocultos en datos experimentales para luego intentar encontrar explicaciones teóricas a cualquier cosa interesante con la que se topen, usando a menudo el lenguaje matemático para que los ayude a encender una antorcha metafórica en la oscuridad y arrojar luz sobre los secretos de la naturaleza. Consideraciones como «qué curioso...» o «me pregunto si...» pueden abrir productivas líneas de investigación.

Los enigmas de este libro se dividen en las siguientes categorías: lógica, resolución de problemas y rompecabezas matemáticos. Aunque los juegos versan sobre ciencia y sobre algunos de los científicos más ilustres de la historia, están pensados para que sean accesibles a todo el mundo. La habilidad para detectar patrones y pensar de manera lógica y clara te ayudará (como sucede en la ciencia) a resolver estos enigmas. Debido a la gran cantidad de ejercicios del libro, es muy probable que haya bastantes que te resulten nuevos. La capacidad de entender las reglas rápidamente y detectar las implicaciones lógicas que se derivan de ellas resultará de gran ayuda a la hora de resolverlos.

El libro incluye 150 enigmas, y eres libre de echar una ojeada y resolverlos en el orden que desees. No es preciso empezar por el primero e ir resolviéndolos por orden de aparición. Algunos te resultarán relativamente fáciles, mientras que hay otros más difíciles que requerirán más tiempo de reflexión. Y hay dos especialmente complicados que han sido tratados, desde el punto de vista gráfico, de una forma diferente al resto. Las soluciones de estos dos enigmas diabólicos se encuentran en las páginas selladas del final del libro. Ambos pueden resolverse aplicando la lógica si se abordan de una manera clara y sistemática.

Para finalizar esta introducción, y ver lo lejos que ha llegado la ciencia, pregunté lo siguiente al GPT-3 (un modelo de lenguaje que implementa métodos de aprendizaje profundo para generar textos que se parecen a los que puede crear un ser humano): «Dame una frase que sea adecuada para terminar un libro en cuyo título figura el nombre de Einstein». La primera sugerencia fue tan anodina como útil: «Espero que hayas disfrutado resolviendo estos enigmas tanto como yo he disfrutado planteándolos». Cuando replanteé la pregunta, obtuve una recomendación que no se me había ocurrido, pero que me gustó: «Si no vas con cuidado, estos enigmas podrían convertirte en un genio». ¡Quien avisa no es traidor!

UN VIAJE SINGULAR

Resolución de problemas

¿Podrías reconstruir el movimiento de una partícula alrededor de las cuatro cuadrículas de 3 x 3 casillas de abajo? La partícula pasa por cada casilla solo una vez siguiendo un orden, del 1 al 36. Algunas casillas se han completado previamente para que te resulte más fácil empezar. La partícula salta en el sentido de las agujas del reloj alrededor de las cuadrículas de 3 x 3 en la dirección que indican las líneas de puntos, pasando de una cuadrícula a otra. Las posiciones 32 y 33 ilustran el funcionamiento.

CÁLCULO DEL ESPACIO

Matemáticas

¿Podrías averiguar el área total, en metros cuadrados, de este laboratorio de investigación en forma de trapecio?

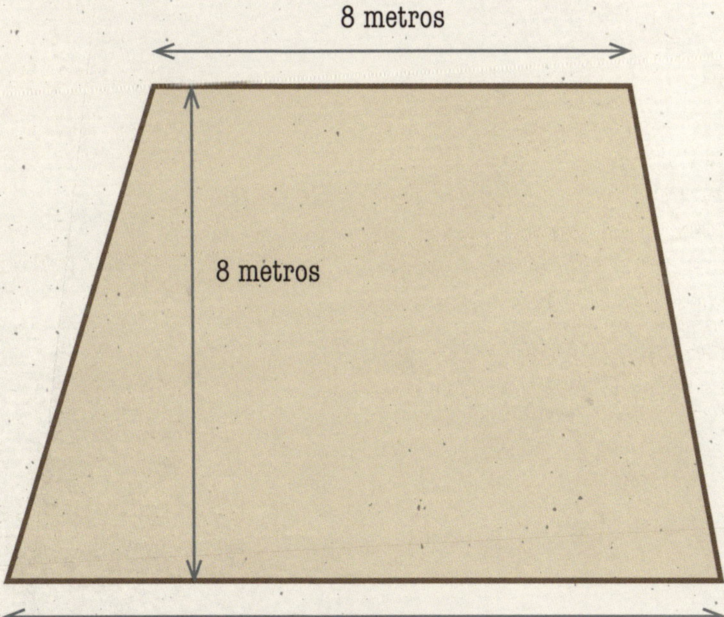

CARTAS INTELIGENTES

Resolución de problemas

¿Podrías dividir la cuadrícula de abajo en grupos de cuatro cuadrados, de manera que cada uno incluya un diamante, una pica, un corazón y un trébol? Las casillas de los grupos deben unirse perpendicularmente, no en diagonal.

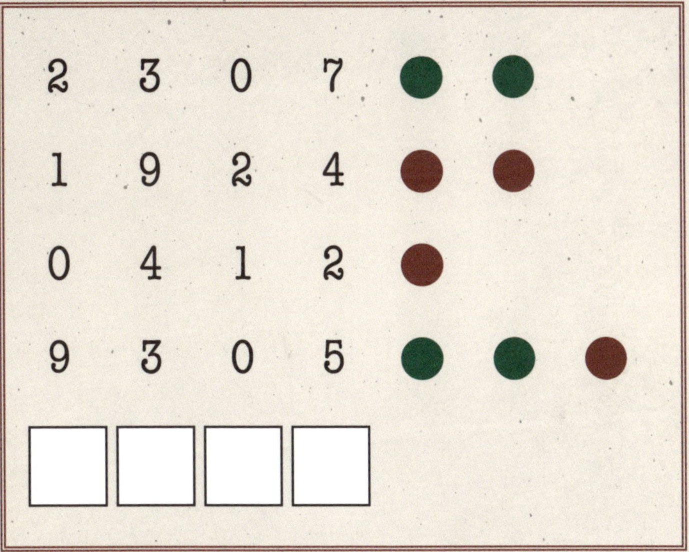

A BUEN RECAUDO

Resolución de problemas

En la caja fuerte de la derecha se han guardado unos documentos científicos importantes. ¿Podrías descubrir el código de cuatro dígitos para abrirla? Todos los dígitos van del 0 al 9 y ninguno se repite. Arriba se muestran algunos intentos fallidos para descifrar el código. Un punto rojo indica que el número forma parte del código correcto, pero en una posición distinta, mientras que un punto verde indica que tanto el número como la posición son correctos.

ELSA

Resolución de problemas

La segunda mujer de Einstein se llamaba Elsa. ¿Podrías colocar las letras E, L, S y A una vez en cada fila y cada columna de la manera siguiente?

En todas ellas deben aparecer, en cualquier orden, las letras E, L, S, A y dos espacios en blanco.

Las letras del margen de la cuadrícula indican la primera/última letra de cada fila/columna, según proceda.

	E		L	S			
							S
E							A
L							
L							A
							L
A							
			A	A	L	E	

IMAGEN DIVIDIDA

Lógica

¿Podrías resolver este rompecabezas de lógica de manera que aparezca la imagen de un átomo? Para ello, deberás sombrear algunos cuadrados de la cuadrícula. Los números del margen indican los cuadrados que tendrás que sombrear en cada fila o columna. Ten en cuenta que debes dejar un cuadrado en blanco como mínimo entre los números. Por ejemplo, la indicación 3, 1 significa que en dicha fila o columna hay tres cuadrados sombreados consecutivos, seguidos de al menos un cuadrado en blanco y de otro sombreado. El rompecabezas se puede resolver aplicando la lógica, sin adivinar.

6 5	1 3 5 1	1 2 3 1	3 2 3 2	3 3 1	4 1 2	2 7 2	4 5	4 3 5	1 1 1 1 1 1	1 1 5 1 3	4 3 5	4 4 3	2 7 2	2 1 2	2 4 2	1 3 2 2	1 2 2 1	2 3 2 1	5 5

6, 4, 5
1, 3, 1, 1, 2, 2
1, 3, 1, 1, 2, 1
1, 4, 3, 1
1, 2, 2, 1, 2
2, 1, 1, 1
1, 2, 2, 2
2, 1, 2, 1, 2
2, 1, 1, 2, 1, 1
2, 1, 1, 2, 1, 2
3, 1, 2, 3
4, 1, 2, 1, 1
3, 2, 2, 2
3, 1, 1, 2
1, 1, 2, 1, 2
2, 2, 3, 2
1, 3, 1, 2, 1
1, 2, 1, 3, 2, 1
1, 3, 1, 3, 2, 1
4, 5, 4

BOMBAS FUERA

Resolución de problemas

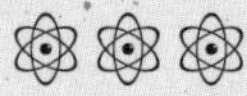

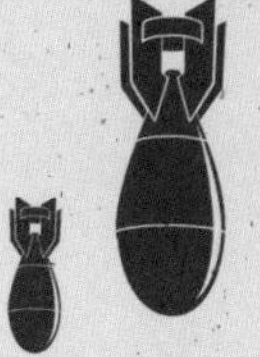

Una de las bombas ocupa cuatro cuadrados consecutivos de la cuadrícula.

Dos de las bombas, tres cuadrados consecutivos.

Tres de las bombas, dos cuadrados consecutivos.

Cuatro de las bombas ocupan un solo cuadrado.

Los números del margen de la cuadrícula indican la cantidad de fragmentos de bomba que hay en cada fila y cada columna.

Las bombas están rodeadas de al menos un espacio en blanco en cada dirección (en horizontal, en vertical y en diagonal).

La ecuación más célebre de Einstein, $E=mc^2$, demuestra que una pequeña cantidad de materia contiene una cantidad ingente de energía, lo que explicaría el principio de las potentes bombas atómicas.

En la cuadrícula de abajo se han colocado diez bombas, tres de las cuales se muestran para servirte de guía. ¿Podrías localizar las que faltan siguiendo las instrucciones de la izquierda?

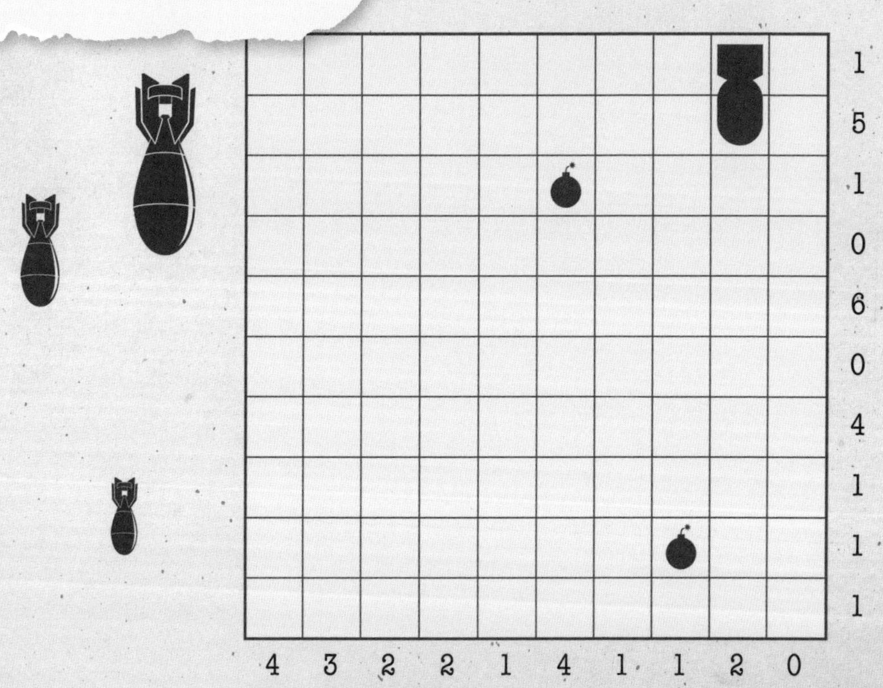

ENERGÍA CINÉTICA

Matemáticas

A menudo, los científicos deben realizar cálculos que tienen que ver con la energía cinética. ¿Podrías averiguar la energía cinética, en julios, de un objeto que pesa 600 kilos y se desplaza a una velocidad de 12 metros por segundo?

INSTANTE DE ILUMINACIÓN

Matemáticas

Un científico que tiene que terminar de escribir un trabajo de investigación por la noche, acaba de encender una bombilla. Si, como resultado, la luz ilumina un área de la habitación en forma de círculo perfecto con un radio de 150 cm, ¿qué área de la habitación está iluminada por la luz, hasta el centímetro cuadrado más próximo?

EL TRAZADO DE LA VÍA

Resolución de problemas

Un físico toma un tren para asistir a una conferencia y viaja de la ciudad A a la ciudad B en la cuadrícula de abajo. ¿Podrías reconstruir el trazado de la vía del tren entre las dos ciudades? Los números del borde de la cuadrícula indican los cuadrados de la fila o la columna que ocupa la vía en este punto del trayecto. La vía no se cruza con ella misma en ningún punto y, si pasa por un cuadrado, o bien lo atraviesa, o bien gira en ángulo recto. Se han dibujado tres fragmentos de la vía en la cuadrícula para servirte de guía.

	5	5	3	2	6	1	5	4	
									3
									2
									2
									4
									7
									6
A									4
									3
								B	

CONTROL DE EXISTENCIAS

Resolución de problemas

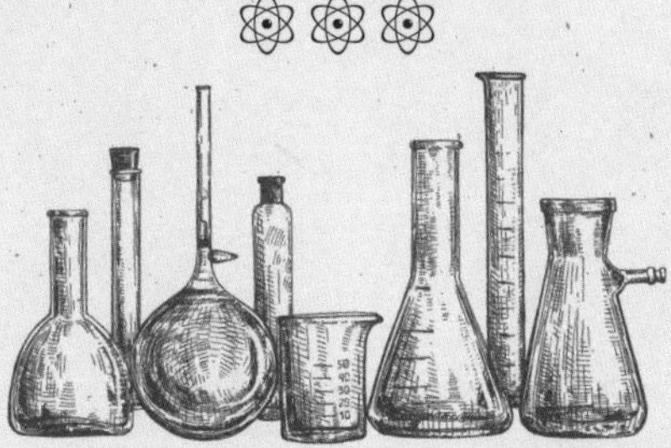

Tres científicos están comprobando las existencias del material que guardan en el armario de su laboratorio. Consulta las pistas de abajo para averiguar cuántos portaobjetos de microscopio, pipetas y vasos de precipitado tienen cada uno de ellos.

a. El científico 1 tiene 10 portaobjetos, uno menos que de pipetas. Este científico tiene un 30 % más de vasos de precipitado que el científico 2.

b. El científico 2 tiene un tercio de las pipetas que suman los científicos 1 y 3 juntos. El promedio de portaobjetos de microscopio de los tres científicos es 20.

c. El científico 3 tiene 13 pipetas y una cantidad de vasos de precipitado que equivale exactamente a la mitad del número de portaobjetos que tiene el científico 2.

d. El científico 3 tiene el doble de portaobjetos de los que posee el científico 1. En total, los tres científicos tienen 61 vasos.

Objeto	Científico 1	Científico 2	Científico 3
Vasos			
Portaobjetos			
Pipetas			

LÍO DE CARTAS

Matemáticas

Muchos científicos llevan a cabo cálculos complejos como parte de su trabajo. Sin embargo, incluso las operaciones más sencillas pueden tener errores de consecuencias notables. La operación de abajo, formada por cartas de la baraja francesa, es incorrecta. ¿Podrías intercambiar la posición de un par de ellas para subsanar el error?

PRUEBA

Resolución de problemas

Un científico muy paciente está intentando descubrir la proporción correcta para mezclar dos sustancias químicas y obtener el resultado que desea. ¿Podrías averiguar el número de la prueba que está realizando siguiendo las pistas que se detallan abajo? La respuesta es un número de cuatro dígitos.

El cuarto dígito es mayor que el primero.
El siete no aparece en ninguna casilla.
El segundo dígito es menor que el tercero.
Los primeros dos dígitos suman nueve.
El primero dígito y el tercero suman diez.
Tres de los dígitos son impares.
La suma de los cuatro dígitos es 21.

 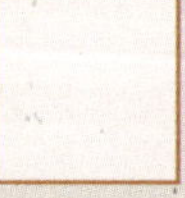  

ILUMINACIÓN

Resolución de problemas

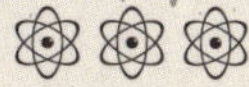

Aun electricista le han encargado poner bombillas en algunas habitaciones (representadas por las casillas negras de la cuadrícula de abajo), de manera que todas las casillas blancas estén iluminadas. ¿Podrías terminar la tarea, aplicando la lógica y teniendo en cuenta las reglas indicadas a continuación?

La luz de cada bombilla ilumina cada casilla de su fila y su columna hasta que choca con una casilla negra, que le bloquea la luz.

Las bombillas no pueden iluminarse mutuamente.

El número de las casillas negras indica cuántas bombillas deben colocarse pegadas a sus lados (en horizontal o en vertical). Solo hay una bombilla que no aparece al lado de una casilla negra.

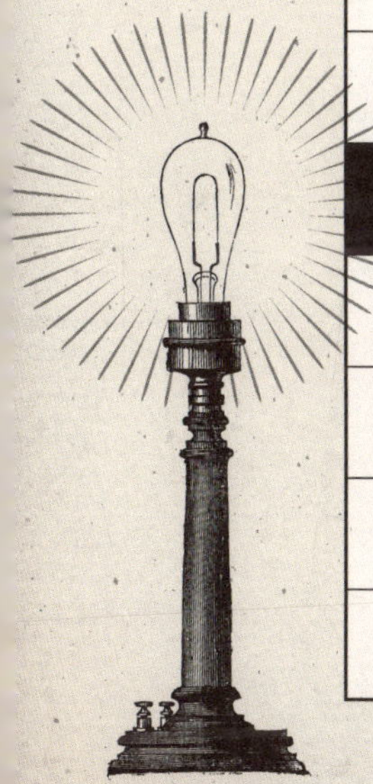

		1				0	
				2			
2							
							3
		0			1		

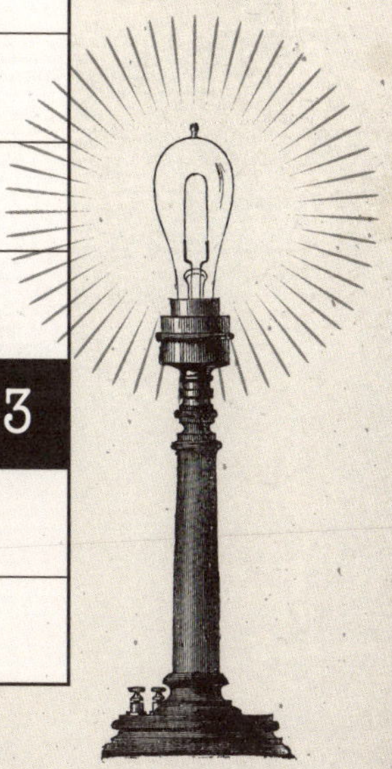

EQUIPO VALIOSO

Resolución de problemas

A cada uno de estos objetos científicos (un tubo de ensayo, un microscopio, una pipeta y un mechero de Bunsen) se le ha asignado un número entero positivo. La suma total de los objetos de cada fila y columna se indica al final de estas. Oriéntate por este dato para deducir el valor numérico de cada objeto.

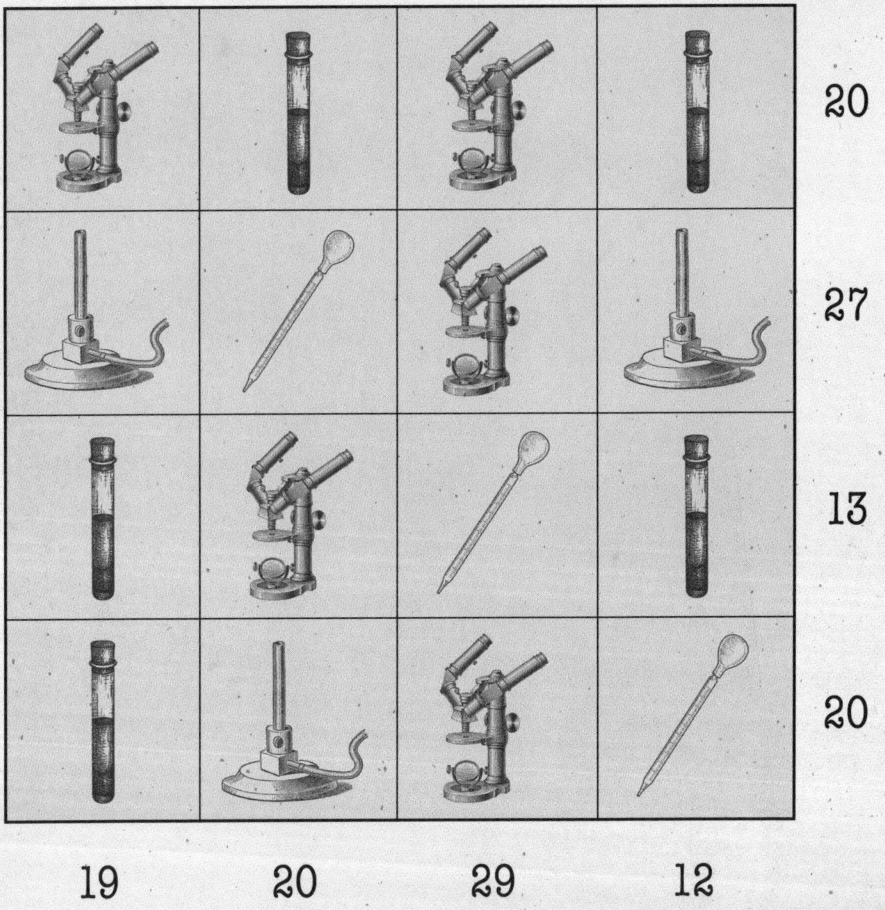

				20
				27
				13
				20
19	20	29	12	

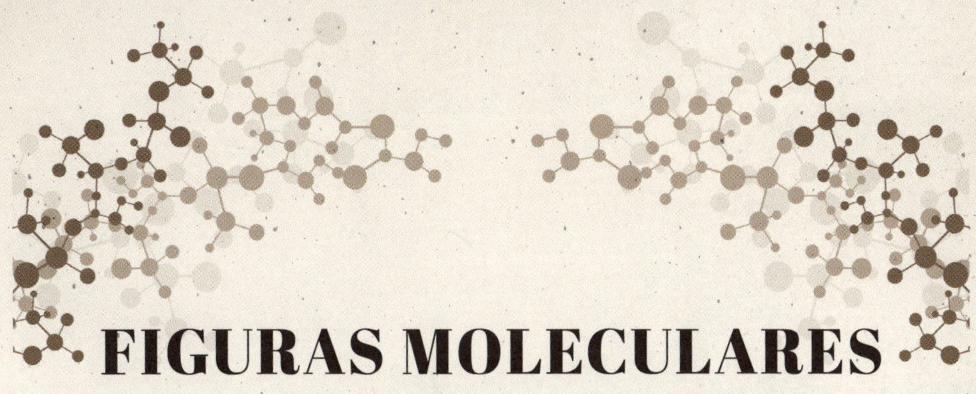

FIGURAS MOLECULARES

Solución de problemas

Cuatro moléculas de una sustancia química se han colocado una al lado de la otra. Cada molécula consta de seis átomos y todas tienen la misma forma. ¿Podrías calcular la forma de las moléculas dividiendo el dibujo en cuatro figuras exactamente iguales? Es posible que tengas que dar la vuelta a alguna de ellas.

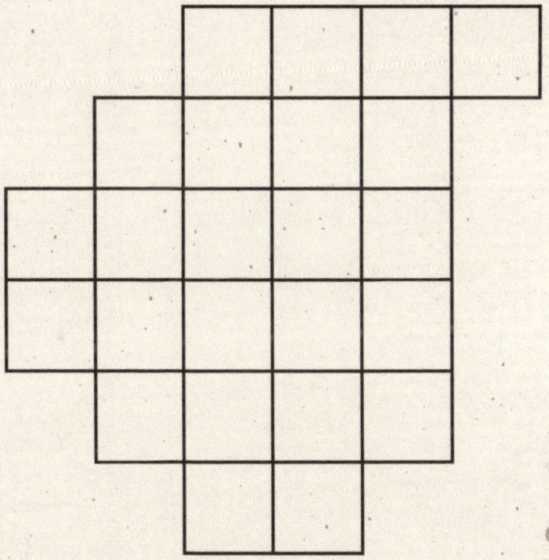

LÓGICA DE LABORATORIO

Lógica

Cinco profesores trabajan en sus laboratorios. ¿Podrías guiarte por las pistas siguientes para averiguar el número de sus despachos, la especialidad de cada uno y el tipo de instrumental que utilizan en este momento? El científico que ha dedicado su vida a la física molecular ha utilizado la lente en el despacho 1. Al científico que trabaja en el campo de la óptica se le ha visto sacando la lámpara de infrarrojos de un armario. El que utiliza imanes no trabaja en el despacho 3 ni en el despacho 4. El profesor Schmidt no está en el despacho 3, mientras que el profesor Fischer está en el 2. El profesor Becker está utilizando la balanza y no está especializado en acústica. El profesor Wagner se dedica a la física nuclear. El científico que ha pasado la última década estudiando e investigando acústica se encuentra en el despacho 3.

Apellido	Despacho	Especialidad	Instrumental
Becker			
Fischer			
Meyer			
Schmidt			
Wagner			

	1	2	3	4	5	Acústica	Cosmología	Física molecular	Física nuclear	Óptica	Vaso de precipitados	Lámpara	Lente	Imanes	Balanza
Becker															
Fischer															
Meyer															
Schmidt															
Wagner															
Vaso de precipitados															
Lámpara															
Lente															
Imanes															
Balanza															
Acústica															
Cosmología															
Física molecular															
Física nuclear															
Óptica															

PUZLE BINARIO

Solución de problemas

Los ordenadores utilizan el sistema binario (los dígitos 0 y 1) para almacenar datos. ¿Podrías resolver este rompecabezas en el que únicamente aparecen los dígitos 0 y 1?

Completa la cuadrícula de manera que en cada fila y cada columna haya cinco ceros y cinco unos. El mismo número no puede aparecer en más de dos casillas consecutivas de cada fila y columna. Una vez resuelto, el rompecabezas debe reflejar secuencias distintas de 0 y 1, tanto en las filas como en las columnas.

		0		1					1
		0						0	
1									1
	1					0		0	0
		0							
				1					
		0							1
			1		0				
1			1				1		1
					0				

TIRA LOS DADOS

Lógica

Einstein dijo que Dios no juega a los dados con el universo. Aquí tienes un rompecabezas con las caras 1 a 4 de un dado. ¿Podrías resolverlo aplicando solo la lógica? Debes crear un recorrido continuo, empezando por la casilla de color con un punto y terminando por la de color con cuatro puntos, que pase por cada número en orden (1, 2, 3, 4; 1, 2, 3, 4, y así sucesivamente). Solo se permite pasar una vez por cada casilla y puedes avanzar por ellas de una en una en horizontal, en vertical o en diagonal.

1 (color)	4 (color)	3	1	2	3
3	2	2	1	4	1
4	1	2	2	4	4
3	2	1	3	3	3
2	4	3	1	2	4
1	4	4	3	2	1

INTERACCIONES PECULIARES

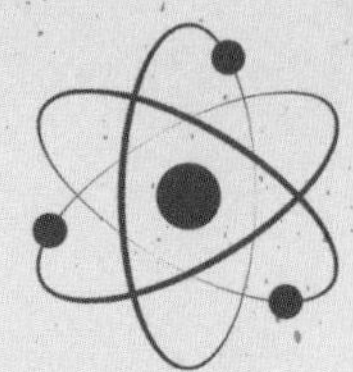

Matemáticas

Un científico está estudiando 150 partículas en un experimento. Si cada partícula puede interactuar con cada una de las 149 restantes, ¿cuál es la cantidad máxima de interacciones posibles para las 150 partículas?

PROBLEMA PERIÓDICO

Matemáticas

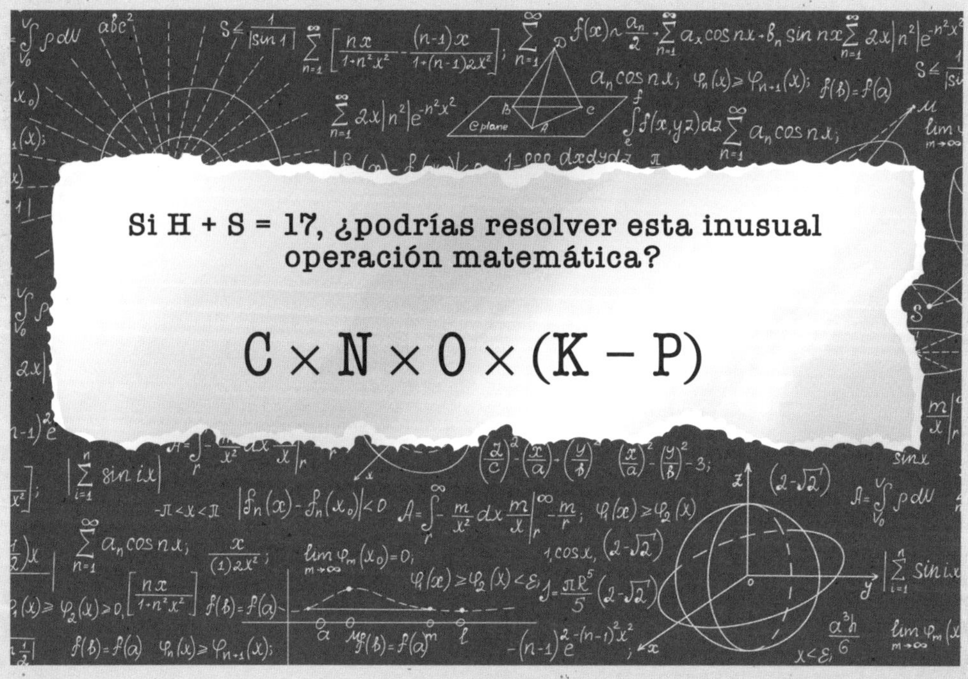

Si H + S = 17, ¿podrías resolver esta inusual operación matemática?

$$C \times N \times O \times (K - P)$$

TRABAJO EN CURSO

Lógica

Abajo encontrarás un diagrama de un departamento de física. En cada una de las habitaciones (delimitadas por las líneas en negrita) trabajan dos físicos. ¿Podrías localizarlos? Ten en cuenta que solo hay dos físicos en cada fila y cada columna de la cuadrícula. Cada uno trabaja de manera independiente, así que no los encontrarás en casillas contiguas (en horizontal, en vertical o en diagonal). Aplicando solo la lógica, ¿podrías situar los 18 físicos en la cuadrícula?

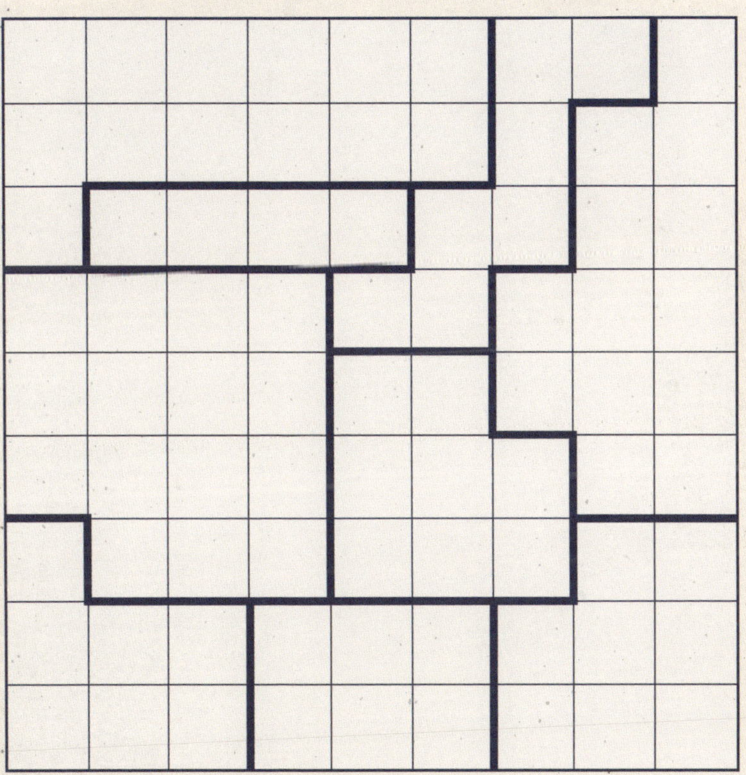

TRIANGULACIÓN

Resolución de problemas

La triangulación es una técnica importante que se utiliza para averiguar distancias y posiciones. Estudia la imagen de abajo y cuenta con atención la cantidad de triángulos de cualquier tamaño que hay en el diagrama.

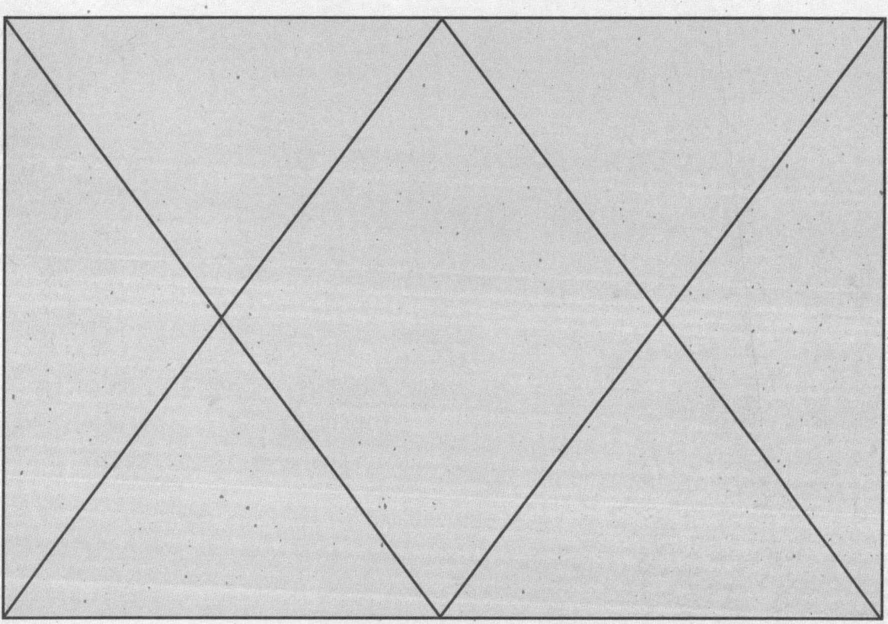

SIN CARGA

Resolución de problemas

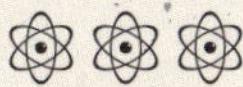

	+		+		−			−	
			+				+	+	
		−							
				−					
−		+							
				−	−		+		
+					−				+
+		−		−			−		
									+
		−				+			+

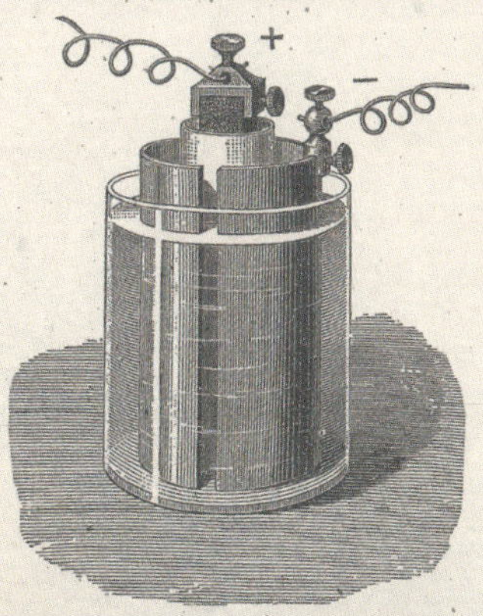

¿Podrías equilibrar las cargas magnéticas de este rompecabezas teniendo en cuenta que en cada fila y cada columna hay cinco cargas positivas (+) y cinco cargas negativas (-)? El mismo símbolo no puede aparecer en dos casillas consecutivas de ninguna fila ni columna. En el rompecabezas resuelto, debe aparecer una secuencia distinta de símbolos en cada fila y cada columna.

ALBERT SQUARE

Resolución de problemas

Completa la cuadrícula de abajo de manera que las letras A, L, B, E, R y T aparezcan solo una vez en cada fila, cada columna y cada sección dividida por las líneas en negrita.

<table>
<tr><td></td><td></td><td>A</td><td>B</td><td></td><td></td></tr>
<tr><td>R</td><td></td><td></td><td>A</td><td></td><td></td></tr>
<tr><td></td><td></td><td></td><td></td><td>A</td><td></td></tr>
<tr><td></td><td>L</td><td></td><td></td><td></td><td></td></tr>
<tr><td></td><td></td><td>T</td><td></td><td></td><td>E</td></tr>
<tr><td></td><td></td><td>B</td><td>T</td><td></td><td></td></tr>
</table>

PROBETAS

Resolución de problemas

Un científico está hecho un lío. En el laboratorio hay tres cajas de probetas, etiquetadas como «Sustancia tóxica», «Sustancia tóxica y agua destilada» y «Agua destilada». Lamentablemente, las tres están mal etiquetadas. Sin embargo, bastará sacar e inspeccionar una probeta de cualquiera de las tres para averiguar si el recipiente contiene la sustancia tóxica o agua inofensiva. ¿Cuál es la cantidad mínima de probetas que los científicos tendrán que examinar para poder etiquetar correctamente las tres cajas?

SUSTANCIA TÓXICA

SUSTANCIA TÓXICA Y AGUA DESTILADA

AGUA DESTILADA

LA MATRIZ

Resolución de problemas

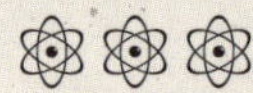

¿Podrías averiguar las entradas que faltan en esta matriz numérica de 5 x 5 de acuerdo con las reglas siguientes?

REGLAS

a. Cada fila y cada columna deben contener los números 1 al 5.

b. Hay que respetar los signos «mayor que» y «menor que» de los cuadros contiguos.

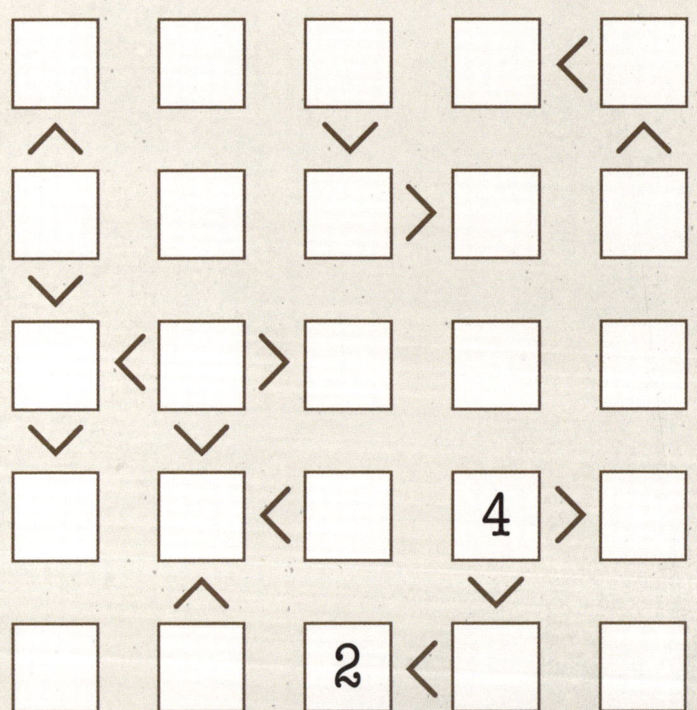

SERVICIO DE HABITACIONES

Resolución de problemas

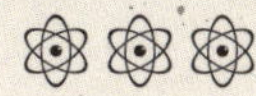

Los científicos suelen asistir a congresos para compartir ideas, escuchar las conferencias de otros colegas, etcétera. Este es el plano de las distintas salas de reuniones de un congreso. ¿Podrías averiguar e indicar en el diagrama los límites de cada sala teniendo en cuenta las reglas siguientes?

- **a.** Cada una de las 100 casillas de la cuadrícula corresponde únicamente a una sala.
- **b.** Los números de las casillas indican el tamaño de la sala en la que se encuentra dicha casilla. Por ejemplo, un 5 indica que ocupa cinco casillas en total.
- **c.** Hay solo un número en cada habitación.
- **d.** La forma de las habitaciones puede ser cuadrada o rectangular.

						7	3		
10									
	4					4			
	2	18							4
3	2							2	
								2	
					5			4	
								3	
2	6					9			6
2			2						

CÉLEBRE REVELACIÓN

Lógica

¿Podrías aplicar la lógica para resolver este rompecabezas y descubrir una conocida ecuación de física? Las casillas con números indican la cantidad de casillas adyacentes (incluidas las que están en diagonal), además de la propia casilla con el número, que hay que sombrear. Por tanto, un 0 indica que ni la casilla del número ni ninguna de las adyacentes deben sombrearse, mientras que un 9 significa que hay que sombrear esta casilla y ocho adyacentes.

	6					6	4			0					0				
			6									0					0		0
				3			2								3				
6			3					1		0			6					6	
					6				0					6		6			
			6								1								2
	7	5	3		3			1	0					3		3			
		5					2							6					4
6			6			6						4	6			6			
							4		0					3					2
			3				4					2				2	2		
	5			0						1			6						3
	8		3		3		8						7			4	4	5	
							9			5		6		3					
	8					8		6			7					0	3	5	
		6		7													2		3
			3		3	4	6		6			4	1	0				2	
6			1					6			7								
				0			6				6			6		4		0	
	4		0					4	2	1							2		

JUEGO DE NÚMEROS

Matemáticas

La capacidad de detectar patrones en los datos es una habilidad fundamental para cualquier científico. Observa la secuencia de números de abajo. ¿Podrías averiguar el patrón y descubrir qué número es el siguiente en la secuencia?

1

27

125

343

729

PIEZAS DEL ROMPECABEZAS

Matemáticas

Pon a prueba tu destreza con las matemáticas y completa la cuadrícula de abajo con dígitos del 1 al 9 siguiendo las reglas de la derecha.

Reglas

La suma de los números de cada fila y cada columna debe coincidir con el número del margen de la cuadrícula.

Los números de las filas y las columnas no pueden repetirse.

En los cuadros sombreados solo puede haber números pares.

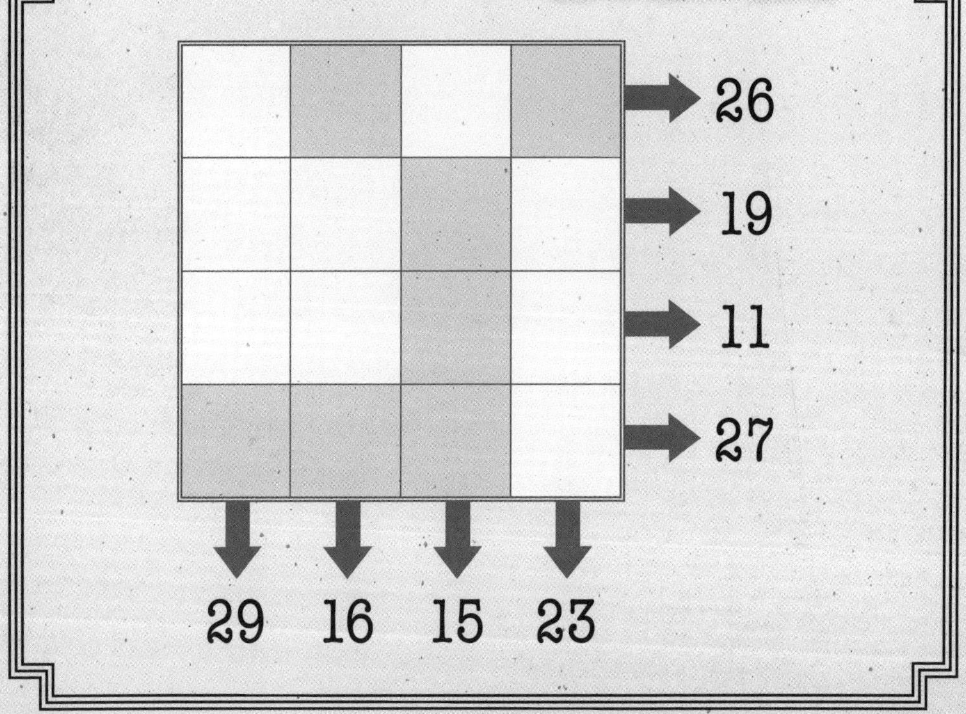

	(sombreado)		(sombreado)	→ 26
		(sombreado)		→ 19
		(sombreado)		→ 11
(sombreado)	(sombreado)	(sombreado)		→ 27
↓ 29	↓ 16	↓ 15	↓ 23	

NOMBRE EN CLAVE

Resolución de problemas

Un científico explica a sus colegas del laboratorio de química que va a pedirle matrimonio a su novia. Cuando uno de sus compañeros le pregunta el nombre de la chica, el científico rodea con un círculo los siguientes elementos en la tabla periódica. ¿Cómo se llama ella?

Fósforo	Oro	Litio	Neón

EFICACIA PROBADA

Matemáticas

Si 20 científicos pueden analizar los datos de 20 experimentos en 20 minutos, ¿cuántos científicos se necesitan para analizar los resultados de 400 experimentos en 400 minutos?

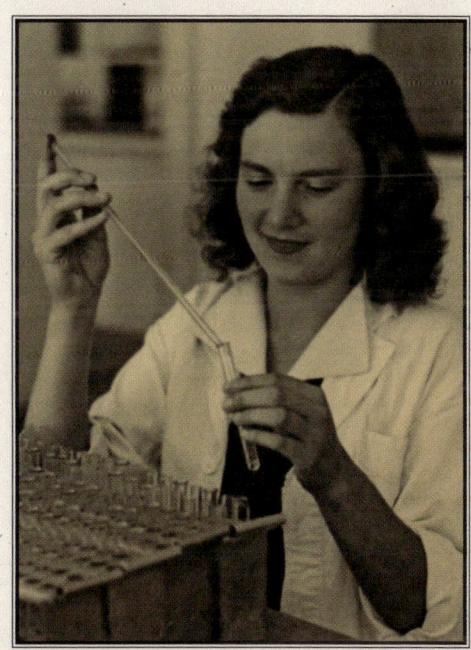

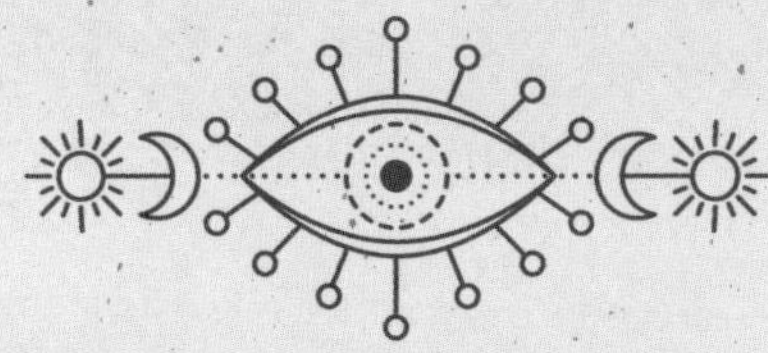

CIELO ESTRELLADO

Lógica

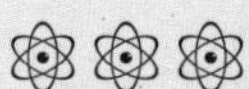

Los avances científicos han permitido que los telescopios sean cada vez mejores y más potentes. ¿Podrías aplicar la lógica, en lugar de recurrir a un telescopio, para localizar la posición de las estrellas en esta cuadrícula? Debes colocar dos estrellas en cada fila, cada columna y cada figura delimitada por las líneas en negrita, de manera que ninguna estrella esté en contacto con otra ni siquiera en diagonal.

DIVISIÓN DEL ÁTOMO

Resolución de problemas

Un sudoku se ha dividido en dos cuadrículas distintas, de manera que uno de los tres recuadros de 3 x 3 queda superpuesto. ¿Podrías resolverlo colocando números del 1 al 9 en cada fila, cada columna y cada recuadro de 3 x 3 casillas delimitado en negrita ? Una vez el sudoku esté completo, los números de las casillas indicadas con A, B, C y D revelarán un año muy significativo para la historia de la ciencia.

							6	
			7					
	8	5			1			
7	3	4					2	
					6			8
	1				5		4	
			8					B
3				4		D	A	7
		2		6		C		

		B		7				
D	A	7			5		4	9
C			9		2	5		6
		5	6			2		
		6	8			7		3
						6		4
	9		2					8
				8				

MASA DE LOS CUARKS

Resolución de problemas

Los científicos han clasificado los cuarks en seis tipos distintos. Por orden alfabético, son los siguientes: abajo, arriba, cima, encanto, extraño y fondo. ¿Podrías ordenar los cuarks del más ligero al más pesado con las pistas de la derecha?

Pistas

a. El cuark abajo no es el más ligero.

b. El cuark fondo es más pesado que el cuark encanto, pero menos que el cuark cima.

c. El cuark extraño es más pesado que el cuark abajo.

d. Los cuarks encanto y fondo son más pesados que el cuark extraño.

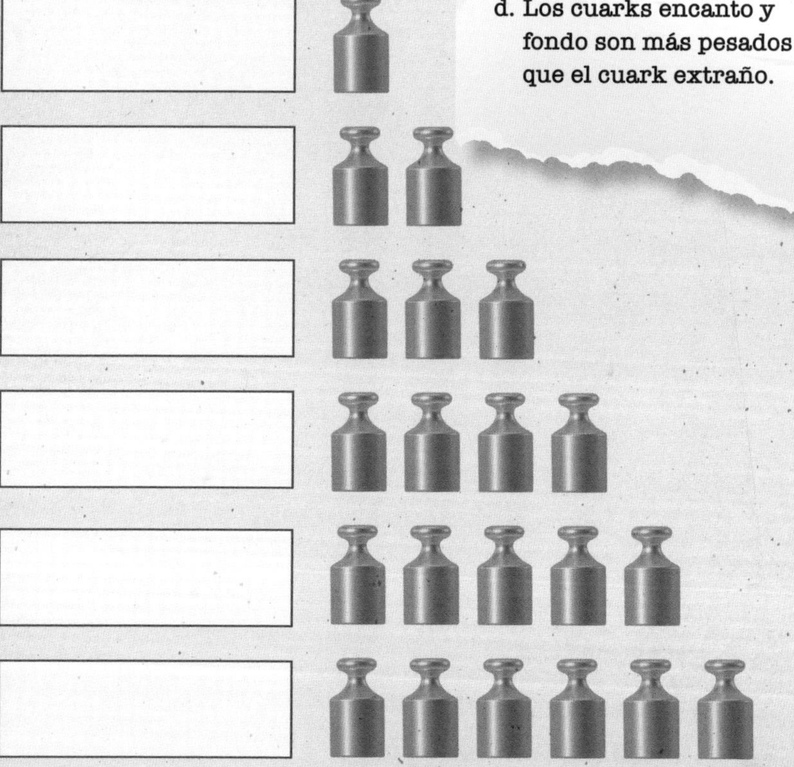

EL TREN DEL PENSAMIENTO

Matemáticas

Un grupo de científicos se dirige a una conferencia en un tren que sale de la estación a las 11:35 h. Si el tren debe recorrer una distancia de 125 km y va a una velocidad media de 100 km/h, ¿a qué hora llegará su destino?

ALTA PUNTUACIÓN

Resolución de problemas

Un físico ha aislado una serie de partículas para estudiarlas al detalle en una matriz de 8 x 8 casillas. En la cuadrícula de abajo se indica las partículas que hay en cada casilla. Debes elegir ocho de las 64 casillas de manera que, para estudiar cuantas más partículas, mejor, la suma total dé el mayor resultado posible. Solo una advertencia: no se pueden elegir dos casillas de la misma diagonal. ¿Cuál es el mayor resultado posible que se puede obtener siguiendo esta directriz?

7	6	7	4	3	2	6	8
1	8	6	5	7	6	3	2
7	8	6	7	5	4	6	5
7	8	3	1	4	7	1	6
4	5	8	6	6	5	2	5
8	7	7	6	5	4	1	6
5	6	6	5	7	3	2	8
7	6	2	6	4	5	8	6

ELECTRÓN VIAJERO

Lógica

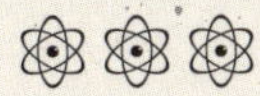

Un electrón recorre la cuadrícula de abajo y su trayectoria crea un único circuito continuo que no se cruza en ningún punto. Varias puertas magnéticas (indicadas con círculos blancos y azules) controlan su movimiento a través de la cuadrícula, formando la letra E de electrón. ¿Podrías aplicar la lógica para seguir la trayectoria del electrón teniendo en cuenta las reglas que se especifican a continuación?

El electrón debe atravesar directamente una puerta magnética blanca, pero tendrá que girar 90 grados en la casilla anterior y/o siguiente por la que pase.

Cuando el electrón llegue a una puerta magnética negra, debe girar en ángulo recto. Además, en su trayectoria tiene que atravesar directamente las casillas anteriores y posteriores.

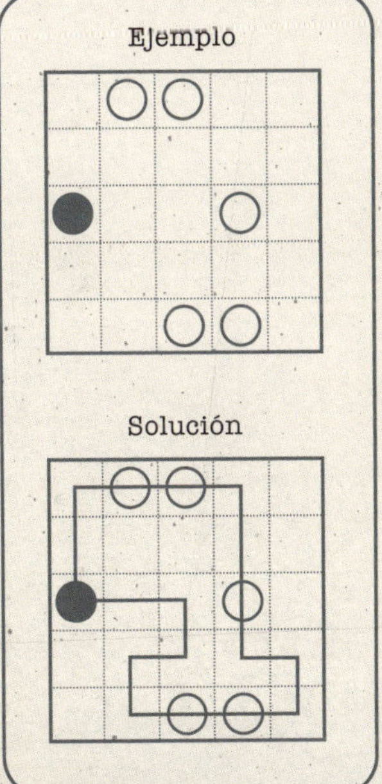

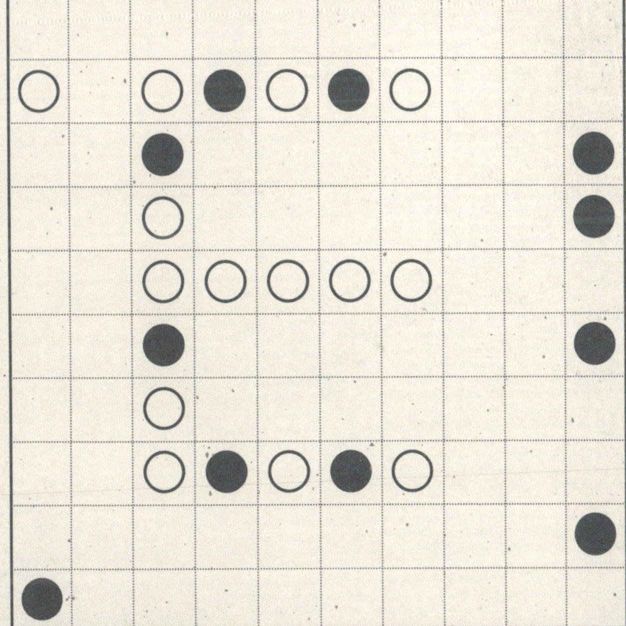

RAYO LÁSER

Lógica

El láser es uno de los muchos descubrimientos científicos increíblemente prácticos que se utilizan en la vida real. ¿Podrías encontrar el único espacio seguro para evitar los rayos láser en la cuadrícula de abajo? Cada láser dispara un rayo en línea recta y en todas las direcciones (horizontal, vertical y diagonal), y solo se detiene al chocar con otro láser.

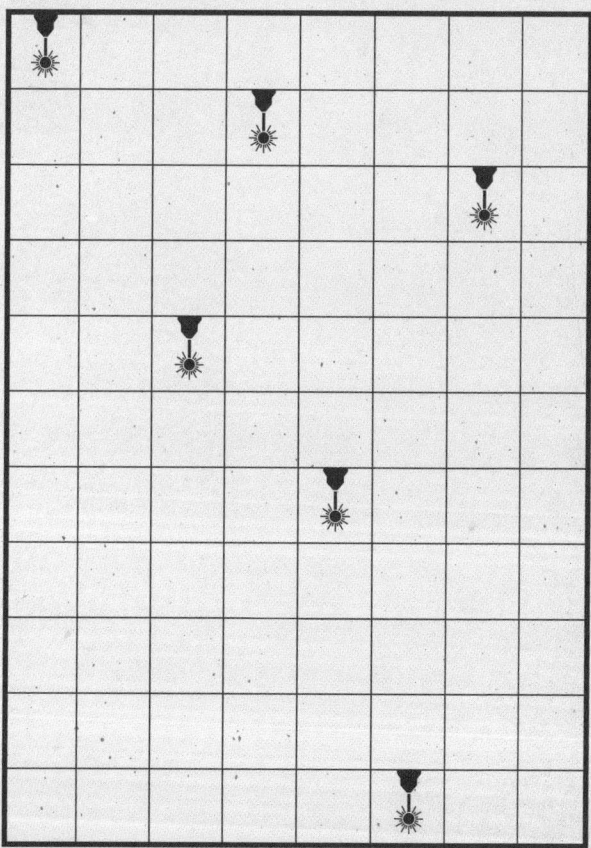

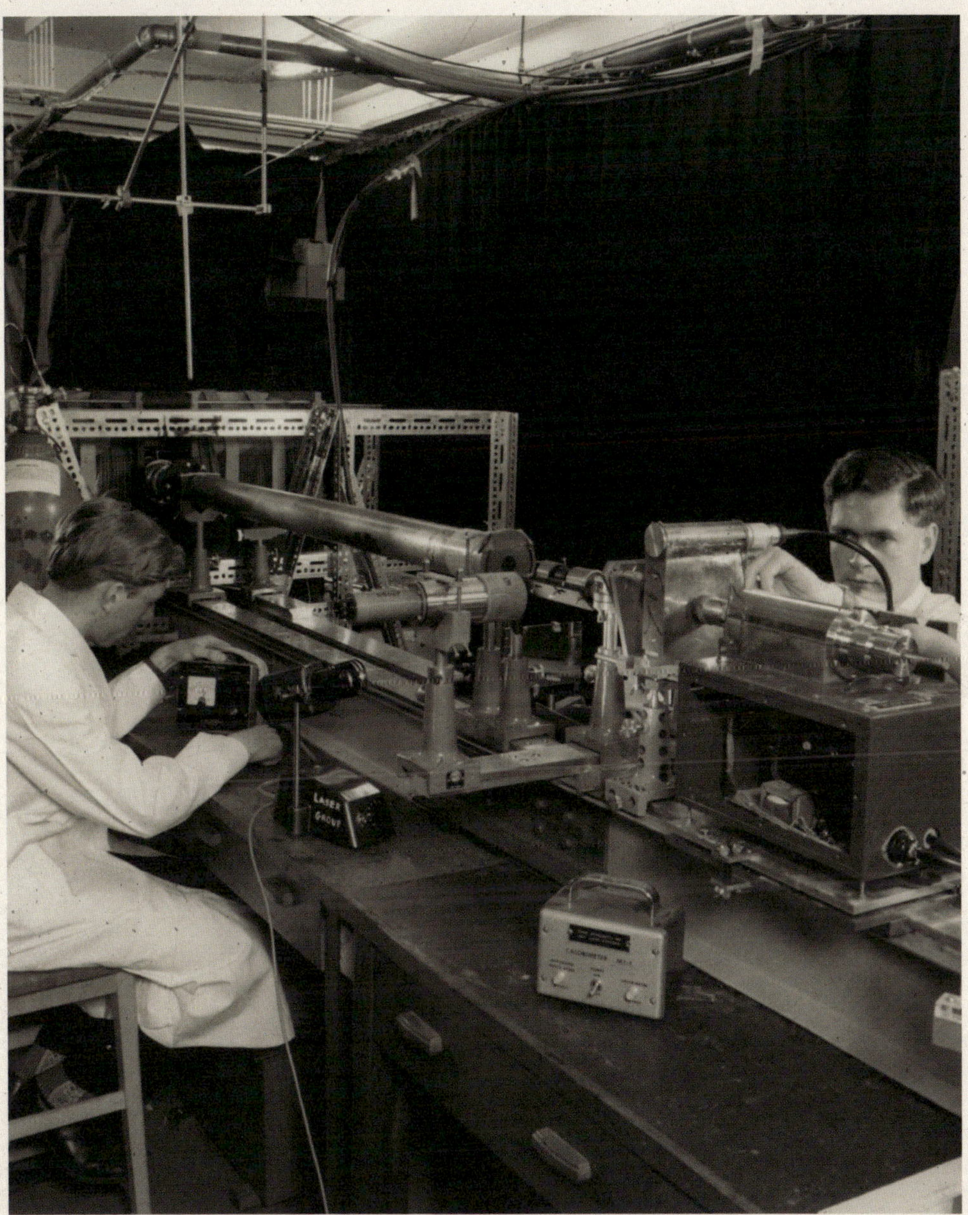
LASER
GROUP

MOVIMIENTO BROWNIANO

Resolución de problemas

El movimiento browniano es el desplazamiento aparentemente aleatorio que se observa en las partículas microscópicas que están en suspensión en el agua.

Comprueba si puedes calcular el recorrido de una partícula por la cuadrícula de abajo. Ten en cuenta que pasa por cada casilla solo una vez, empezando en el 1 y terminando en el 100 (ambos en marrón). Deduce todo el recorrido, parte del cual ya está indicado, hasta completar la cuadrícula. La partícula se mueve de casilla en casilla y en todas direcciones, incluido en diagonal.

			82		79	78			50
	99	97					54	52	
91	100			86	84				37
70			87			56	47		
				74					1
		67						12	
	64				41		13		3
		60			32	19		10	
26							15	9	
25		23	22						

CIRCUITO ELÉCTRICO

Resolución de problemas

¿Podrías localizar las diez bombillas de esta cuadrícula? Las flechas indican la cantidad de bombillas que se colocarán en determinadas filas y columnas en la dirección que señalan.

- Las bombillas no pueden tocarse entre sí ni horizontal ni verticalmente.
- No se indican necesariamente todas las bombillas.
- También debes dibujar una trayectoria continua (que represente un circuito eléctrico) que pase por todas las casillas que no sean pistas ni tenganbombillas. La trayectoria puede atravesar las casillas o girar en ángulo recto dentro de ellas.

3↓							
							2↓
				1→			
		0↑					
					2↑		
			2↑				

PRUEBA DE MATES

Matemáticas

¿Podrías modificar un solo dígito de la siguiente operación para que sea correcta?

$$200 \times 202 = 80\,000$$

MASA MOLECULAR

Matemáticas

Un físico está analizando las diferentes partículas que ha detectado en un experimento. Las tres partículas son muones, kaones y piones, y ha encontrado un número entero positivo de cada una de ellas. Teniendo en cuenta que la cantidad de muones multiplicada por la de kaones es 36, la cantidad de muones multiplicada por la de piones es 54 y la cantidad de kaones multiplicada por la de piones es 24, ¿cuántas partículas de cada tipo ha detectado el científico en su experimento?

UN RAYO DE SOL

Resolución de problemas

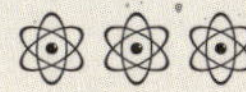

Einstein describió la naturaleza de la luz y el efecto fotoeléctrico en el que se basan las placas solares en 1905. ¿Podrías conectar cada una de las placas solares de abajo (representadas por círculos) respetando las reglas siguientes?

Tienes que dibujar las conexiones entre las placas solares.

El número de cada círculo indica las conexiones que salen de esa placa solar hacia otras.

Las conexiones no pueden cruzarse, solo pueden dibujarse en vertical u horizontal y, como máximo, puede haber dos entre un par de placas solares.

Al final, las placas deben formar un único grupo interconectado. Hay que poder pasar de una a otra siguiendo las líneas de conexión.

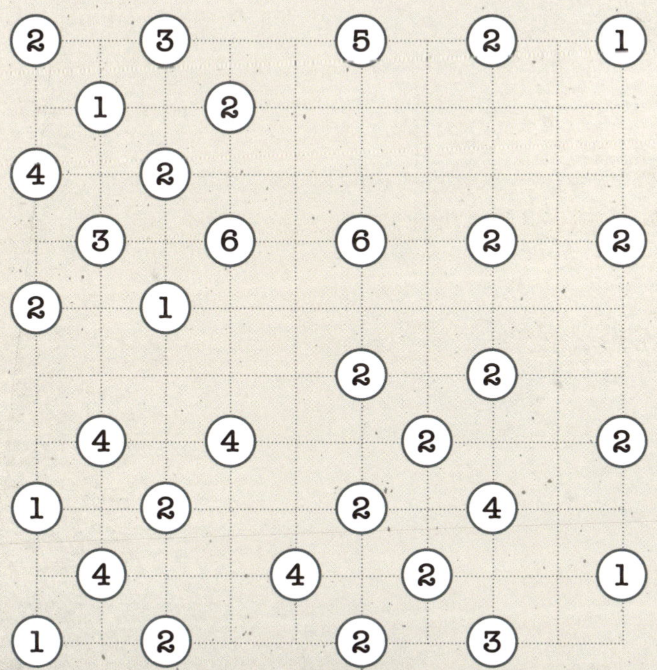

CUADRADOS DE MUESTREO

Matemáticas

Un biólogo ha utilizado una serie de cuadrados de muestreo, en una cuadrícula de 3 x 3, para registrar la cantidad de insectos observados. Curiosamente, en cada uno de los nueve cuadros hay una cantidad distinta de insectos, entre 1 y 9. Los números de los círculos indican la suma de la cantidad de insectos de los cuatro cuadros adyacentes. Solo con esta información, ¿podrías averiguar cuántos insectos hay en cada uno de los nueve cuadros? Se ha indicado un número en el cuadro central para servirte de guía.

SACA CUENTAS

Matemáticas

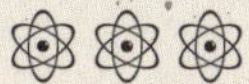

¿Podrías completar este panel matemático colocando los números del 1 al 9 una sola vez para resolver las sumas que van de izquierda a derecha y de arriba abajo de la cuadrícula? Una vez terminado, los números de las casillas marcadas como A, B, C y D revelarán un año significativo para la ciencia.

CÁMARA DE NIEBLA

Resolución de problemas

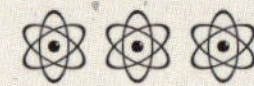

Una partícula se ha colocado en una cámara de niebla para poder seguir todos sus movimientos. ¿Podrías reconstruir su camino a partir de las pistas de la cuadrícula? El recorrido de la partícula a través de la cámara dibuja una trayectoria continua. En algunas casillas de la cuadrícula aparecen un número y una flecha. Son pistas que indican las casillas en la dirección que marca la flecha por las que no ha pasado la partícula. Deben sombrearse, teniendo en cuenta que no todas están necesariamente indicadas. Las casillas sombreadas no pueden estar en contacto en horizontal ni en vertical. Las casillas de las pistas no forman parte de la trayectoria de la partícula y, por tanto, no deben sombrearse. La partícula debe pasar por todas las casillas de la cuadrícula que no estén sombreadas ni sean pistas. Puede atravesarlas o efectuar un giro en ángulo recto por dentro de ellas.

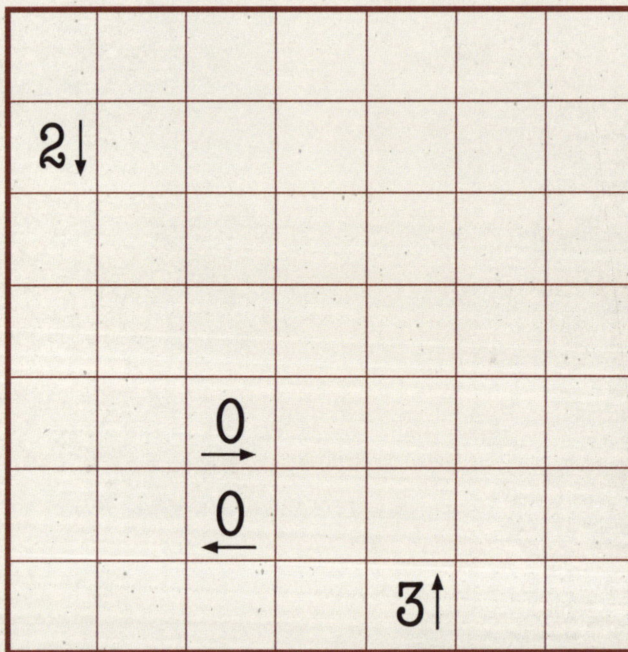

SIMETRÍAS DE LA NATURALEZA

Matemáticas

El descubrimiento de diversas simetrías en física ha sido clave para comprender mejor el mundo en el que vivimos. ¿Podrías resolver este enigma que, una vez completado, revelará simetría, en el sentido de que cada fila, cada columna y las dos diagonales principales sumarán 70? Debes añadir los números del 10 al 25 una sola vez, algunos de los cuales ya ocupan la posición correcta para servirte de guía.

	12		17
15	22		
21	11	24	

LAS UNIDADES CORRECTAS

Lógica

Es imprescindible que los científicos se pongan de acuerdo en las unidades que utilizan para sus cálculos y que lo hagan con coherencia. Se han cometido muchos errores por utilizar unidades equivocadas o cambiarlas en mitad de un proyecto. Por ejemplo, hace unos años se extravió una nave espacial debido a un error de conversión de unidades.

¿Podrías demostrar tus conocimientos de las unidades científicas? Relaciona cada una de las unidades de la columna de la izquierda con su magnitud de la columna de la derecha.

Unidad	Magnitud
Amperio	Intensidad de la luz
Candela	Cantidad de sustancia
Faradio	Corriente eléctrica
Mol	Carga eléctrica
Ohmio	Capacidad eléctrica
Culombio	Resistencia

AMERIKAI ŰRHAJÓ
1 Ft
MAGYAR POSTA
1963. IX. 4.
GÁLL F

DIVISIÓN CELULAR

Resolución de problemas

Cuatro células se han fusionado para crear la figura de abajo. Teniendo en cuenta que todas tienen la misma forma, ¿podrías dividir la cuadrícula en cuatro células distintas? Es posible que tengas que girar alguna de ellas.

PRESTA ATENCIÓN EN CLASE

Matemáticas

Hasta las clases más apasionantes pueden tener momentos aburridos. Para demostrar que has estado atento en clase de mates, resuelve el problema de la pizarra de abajo.

Si θ es 5 y Σ es 3, ¿cuál es el resultado de esta operación?

$$\theta(2+\Sigma)\sqrt{169}$$

EL BUCLE INFINITO

Resolución de problemas

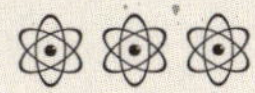

Tan pronto como los ordenadores fueron una realidad gracias al progreso científico, los primeros programadores advirtieron del peligro de un bucle infinito. Se trata de una secuencia de código que no tiene manera de salir del bucle y que no deja de funcionar hasta que el programa se cancela o el ordenador se queda sin memoria y se bloquea.

¿Podrías completar el rompecabezas de abajo creando un bucle? Debe ser sencillo y continuo, y pasar por cada casilla de la cuadrícula una sola vez. El bucle no puede cruzarse, y tanto atraviesa las casillas como gira en ángulo recto por dentro de las mismas.

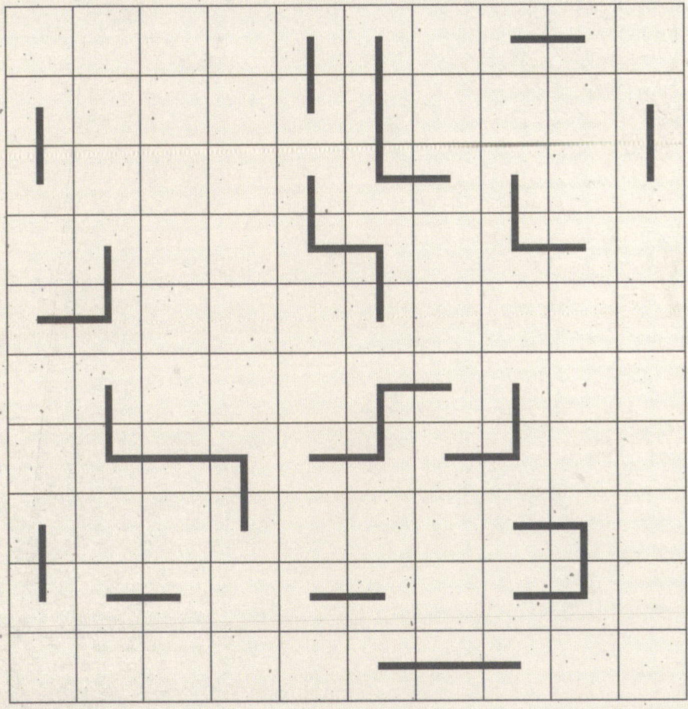

SUDOKU EUREKA

Lógica

El concepto «momento Eureka» es bien conocido en el mundo de la ciencia, y describe el instante en el cual un científico experimenta una revelación o epifanía repentinas. ¿Podrías resolver satisfactoriamente este sudoku para tener tu «momento Eureka»? Debes colocar números del 1 al 8 una única vez en cada fila, columna, recuadro de 4 x 2 en negrita y zonas sombreadas en forma de E.

					3		
			3	4		7	
		5					
	2		7	5	6	4	
	5	7	2	8		1	
					2		
	6		1	7			
		3					

ENIGMA NUCLEAR

Resolución de problemas

A la derecha se muestra un núcleo de seis átomos dispuestos en forma de triángulo. ¿Podrías mover dos de los núcleos para darle la vuelta al triángulo?

EN TU BICICLETA

Matemáticas

Dos científicos emprenden un viaje para acudir a una reunión en una universidad que está a 50 km de distancia. Ambos salen al mismo tiempo, desde el mismo punto y siguiendo una ruta idéntica. Sin embargo, uno se desplaza en coche y el otro, en bicicleta. El conductor del coche va a 80 km/h, y el de la bicicleta, a 20 km/h. Evidentemente, llegará antes el que va en coche, pero, una vez en el destino, ¿cuánto tiempo tendrá que esperar a que llegue el ciclista?

BAJO EL MICROSCOPIO

Lógica

¿Podrías resolver este rompecabezas de lógica y crear la imagen de un elemento muy importante del instrumental científico? Los números del borde de la cuadrícula indican la cantidad de casillas que hay que sombrear en cada fila y cada columna, así como el color que hay que usar. Las zonas del mismo color de la misma fila y columna deben estar separadas por al menos una casilla en blanco. Sin embargo, las zonas de colores distintos no necesariamente tienen que estar separadas por casillas en blanco.

Column	Clues
1	3 1
2	3 2
3	3 2
4	3 2
5	1 1 1 2
6	8 1 1 1 2
7	1 9 2 1 1 1 1
8	2 3 2 4 1 1 1 1
9	1 1 2 1 2 2 1 1 1 1
10	1 1 5 2 3 1 1 1
11	8 1 1 2
12	4 3 2
13	1 2 1 3 2
14	1 1 3 2
15	1 8 3 2
16	3 7 3 1
17	2 2 3 1 10
18	1 1 2 2 2 3
19	1 1 12
20	4 1

Row	Clues
1	2
2	2 1
3	6 2
4	3 2 1 4
5	3 2 5 1 4
6	2 1 1 2 1 3 1 1
7	2 1 1 2 1 2 2 1
8	3 2 6 1 3
9	6 2 1 1 1
10	6 3 2
11	1 1 1 2 3
12	2 1 2 1 1
13	4 1 1
14	2 1 1
15	1 1
16	16 1 1
17	4 5 5 1 1
18	16 3
19	5 5 3
20	20

PENSAMIENTO CIRCULAR

Lógica

Mientras espera los resultados de un experimento que consiste en enviar partículas a alta velocidad a un sistema circular, un científico decide, muy acertadamente, pasar el rato resolviendo este sudoku circular en forma de rejilla. ¿Podrías completarlo? Debes colocar los números del 1 al 8 una sola vez en cada uno de los ocho segmentos de los radios y los ocho círculos concéntricos de la rejilla.

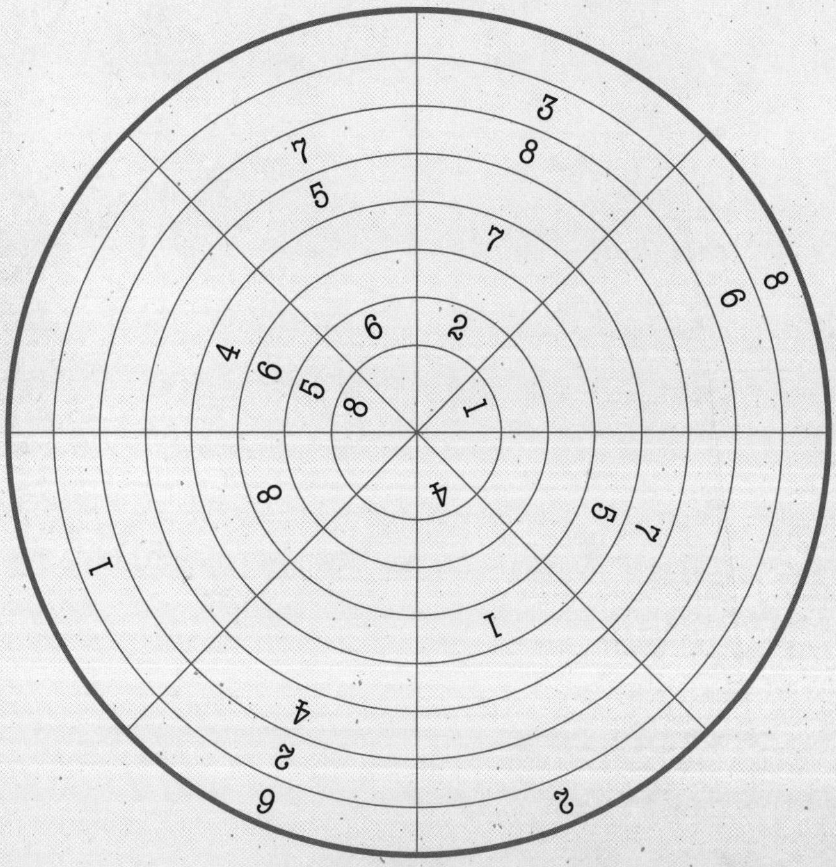

COPOS DE NIEVE

Lógica

Los copos de nieve son increíblemente complejos vistos a través de un microscopio, cuando revelan formas hermosas y simétricas. ¿Podrías completar este rompecabezas de lógica en forma de copo de nieve? Debes colocar los números del 1 al 8 una sola vez en cada uno de los 12 rectángulos de 4 x 2 delimitados en negrita que componen este copo de nieve en 3D. Además, los números del 1 al 8 solo pueden aparecer una vez en las filas y las columnas continuas que recorren la cuadrícula.

SUPERPOSICIÓN

Resolución de problemas

El concepto de superposición es muy importante en la física moderna, especialmente cuando nos referimos a sistemas cuánticos. Sin embargo, puede resultar difícil de comprender.

Para poner a prueba tus habilidades, crea mentalmente una superposición de las cuatro cuadrículas de la página siguiente, colocándolas una encima de la otra con la imaginación. Luego, averigua en qué lugar de la cuadrícula aparecen los cinco números que aparecen abajo.

			1			3			2
2			1	2					
3	3				3	3	2	2	2
								2	
	1	1				2			3
2			3						
		1			2	3	3		
							3		

		2		2			2	1	
	1				2		1	3	
			3						
			1	2	3	3			
2		2			2	2		3	
2			3				1		
		1							
	3			2					
			3						

2	1								
									1
1	2	2					3	3	
			3	1					
1	3								
			1						2
					1				
	1				1			1	3
			3					1	2
2		1						3	

					1				
		2				1			
				1	3	1			1
		1							
		2					3		2
	1			3			2		
				3				1	
				3		1	1		
2									
	2			2	3	2			3

DESCIFRA EL CÓDIGO

Resolución de problemas

Echa un vistazo a los documentos que están en la mesa de trabajo de un científico. ¿Podrías averiguar a qué año hacen referencia?

ENSAYO Y ERROR

Resolución de problemas

Uno de los métodos básicos para resolver incógnitas o intentar adquirir conocimientos científicos o de cualquier otro ámbito, es partir del ensayo y el error. Se trata simplemente de probar cosas distintas y averiguar cuál funciona mejor. El rompecabezas de abajo puede resolverse siguiendo este método. En él hay cuatro valores posibles en cada casilla y debes escoger el correcto para que en cada fila, cada columna y cada recuadro de 3 x 3 casillas delimitado en negrita haya, sin repetir, un número del 1 al 9. Sin embargo, el rompecabezas puede resolverse de manera más eficaz aplicando con rigor las reglas de la lógica. ¿Podrías resolverlo sin recurrir al ensayo y el error?

1 3 7 9	2 4 7 8	1 3 4 8	2 4 6 9	2 4 6 8	1 2 7 8	1 3 4 7	2 3 5 7	1 2 8 9
1 4 5 7	2 7 8 9	1 3 6 9	1 6 8 9	4 5 6 7	1 4 5 9	5 7 8 9	2 3 5 6	1 2 4 9
1 5 6 8	2 7 8 9	2 3 6 7	2 3 7 8	2 3 5 9	3 7 8 9	1 2 4 9	2 4 6 9	2 5 6 7
5 6 7 9	1 3 5 7	2 4 6 7	2 5 7 9	3 7 8 9	2 4 5 6	2 4 5 6	1 5 6 9	1 2 3 4
1 3 4 7	1 2 3 6	3 6 7 8	2 4 7 8	1 3 5 7	2 5 6 9	1 2 6 8	2 4 5 8	4 5 6 8
2 4 5 7	1 3 8 9	3 4 6 8	1 3 6 8	2 5 7 8	2 5 7 8	1 3 5 7	2 3 6 9	2 4 5 6
1 3 4 9	3 4 7 8	2 3 8 9	1 4 5 6	1 2 4 7	1 2 6 9	1 3 5 8	3 4 8 9	1 4 6 8
1 2 4 8	2 3 4 7	3 5 6 9	2 6 8 9	2 3 5 9	1 2 4 7	3 4 5 6	2 4 5 7	1 4 8 9
1 5 6 8	2 4 5 8	3 4 5 6	4 5 7 8	2 3 5 9	3 7 8 9	4 6 8 9	2 3 6 7	1 2 5 6

EXAMEN DE QUÍMICA

Resolución de problemas

Pon a prueba tus habilidades con la química y averigua si puedes identificar correctamente cada una de las seis moléculas que aparecen abajo.

Ácido clorhídrico
Etanol
Benceno
Ácido sulfúrico
Agua
Cloroformo

1.

2.

3.

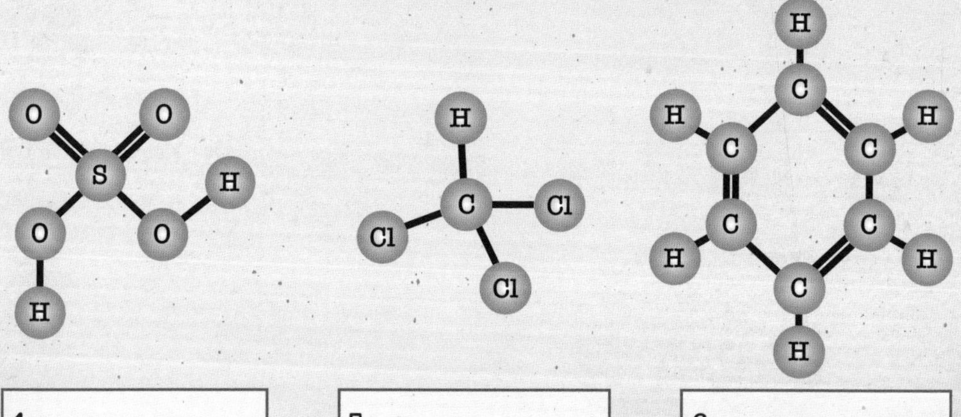

4.

5.

6.

DALE AL INTERRUPTOR

Lógica

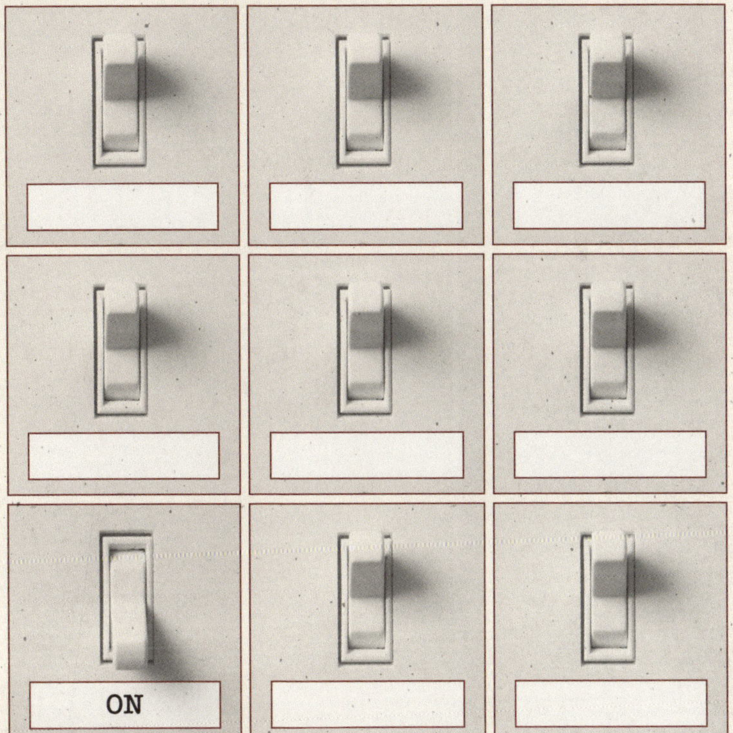

Un científico trabaja con un equipo que cuenta con nueve interruptores distribuidos en tres filas de tres que pueden estar encendidos o apagados. Para que el equipo funcione, 6 de los interruptores deben estar en la posición «ON», y no puede haber más de dos interruptores activos en cada fila, cada columna o cada diagonal a la vez.

Como ves, uno de los interruptores está encendido para servirte de guía. ¿Podrías identificar los otros cinco que tienen que estar encendidos y escribir «ON» en los espacios en blanco correspondientes?

IMAGEN ESPECULAR

Lógica

Observa la cuadrícula de abajo, que revela la forma característica de una molécula y tiene un espejo orientado a ella en diagonal desde la esquina superior izquierda a la inferior derecha. ¿Podrías dibujar la forma tal y como se vería en la mitad vacía de la cuadrícula?

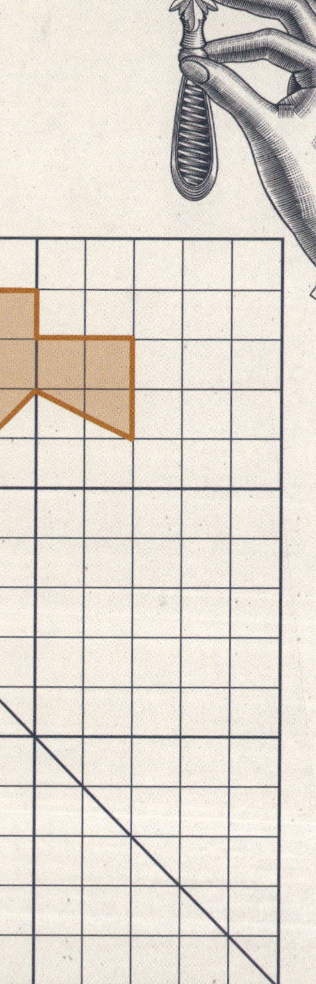

HAZ CÁLCULOS

Matemáticas

1) 27×17
2) $10092 \div 3$
3) 78×25
4) 2^{11}
5) $3^6 - 3^3$
6) $27(4 + 5) + 2(5 - 2)$
7) 96×95
8) $2584 \div 4$
9) $6!$
10) 123×21

Resuelve las operaciones de la izquierda sin la ayuda de la calculadora. Después, localiza los resultados en la cuadrícula de números de abajo. Las respuestas pueden aparecer en horizontal, en vertical o en diagonal, y del derecho o del revés.

8	3	7	2	8	4	6	1	3	6	8	6
3	0	5	4	5	3	4	6	3	3	9	0
5	0	4	9	3	2	9	5	1	0	7	8
9	9	5	6	7	8	4	7	3	3	7	8
3	1	7	8	6	3	5	2	2	3	7	5
8	3	8	5	7	5	4	2	0	3	1	7
1	7	1	3	0	2	9	8	2	2	1	9
2	1	9	5	0	2	1	8	6	3	7	2
2	2	8	6	7	3	0	4	0	1	7	9
0	1	7	4	1	2	0	4	8	8	1	0
7	5	0	6	2	4	5	4	6	2	0	3
3	1	5	5	6	1	7	6	0	0	2	2

CÓDIGO MORSE

Lógica

¿Podrías averiguar el código y descubrir el nombre de una persona importante en la vida de Albert Einstein?

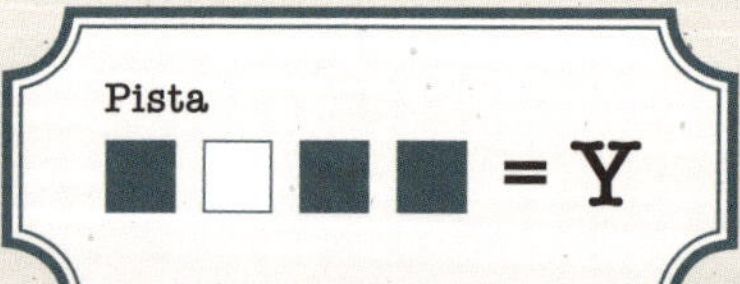

¿QUÉ TE APUESTAS?

Lógica

Dos científicos competitivos, Ann y Bob, estaban realizando una serie de experimentos y decidieron apostar sobre el resultado para poner las cosas más interesantes. El ganador de cada apuesta (la persona que hubiera predicho el resultado con mayor exactitud) recibiría 5 dólares del perdedor. Una vez finalizados todos los experimentos, Ann había ganado cinco apuestas, mientras que Bob tenía 20 dólares más de los que tenía cuando empezaron a apostar. ¿Cuántos experimentos realizaron Ann y Bob en total?

PREMIOS NOBEL

Lógica

Marie Curie recibió el Nobel de Física el 10 de diciembre de 1903. El mismo día, pero de 1911, recibió el Nobel de Química. ¿Cuántos días pasaron entre la primera ceremonia y la segunda?

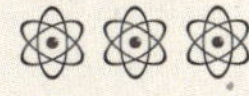

CALCETINES AL VUELO

Matemáticas

Un científico atareado hace la maleta para acudir a una serie de conferencias por todo el mundo. Tiene delante de él tres bolsas opacas, cada una con un par de calcetines. En una hay un par de calcetines verdes, en otra un par de calcetines morados y, en la tercera, uno verde y otro lila, para cuando se siente un poco excéntrico. Pero es incapaz de recordar qué hay en cada bolsa. Así que coge un calcetín de una de las bolsas y resulta ser verde. ¿Qué probabilidad hay de que el otro calcetín de la bolsa sea del mismo color?

CRISTAL

Lógica

Echa un vistazo a la cuadrícula de abajo, que representa la estructura de un cristal determinado. Cada fila y cada columna del cristal deben contener cada uno de los tres átomos, llamados átomo A, átomo B y átomo C. Además, debe haber dos casillas en blanco en cada fila y cada columna. Para ayudarte a averiguar la estructura del cristal, verás que hay unas letras alrededor de la cuadrícula. Indican qué átomo (A, B o C) es el primero o el último en aparecer en esa fila o columna.

	C	A	A	A	B	
						B
						C
						A
B						A
A						
		B	B		C	

LA FUERZA DE GRAVEDAD

Resolución de problemas

Isaac Newton es célebre por haber descubierto la ley de la gravedad. Observa la cuadrícula de la página siguiente: la gravedad está atrayendo hacia ella los números de arriba y de la izquierda. ¿Podrías averiguar dónde va cada uno de acuerdo con las reglas siguientes? Cada fila, cada columna y cada recuadro de 3 x 3 casillas delimitado en negrita deben contener un número del 1 al 9 una sola vez. Los números que aparecen en la parte superior de cada columna deben colocarse en el mismo orden, aunque no necesariamente contiguos. Por ejemplo, en la primera columna, el 7 aparecerá antes que el 8 (aunque no necesariamente en el cuadrado inmediatamente superior). A su vez, el 8 aparecerá antes que el 3, y así sucesivamente. Del mismo modo, los números que aparecen al inicio de cada fila también deben colocarse en el orden indicado.

	7	4	1	4	9	5	8	5	3
	8	3	4	5	3	2	9	1	4
	3	2	7	9	7	3	2	4	1
	5	1	3	8	2	4	5	3	7
	1	9	8	3	5	9	1	7	8
71982									
31675									
25471									
36571									
84153									
51298									
45379									
92743									
18352									

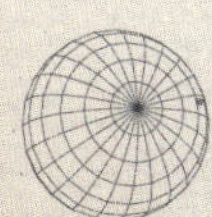

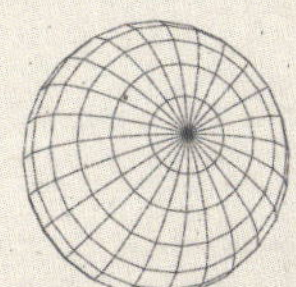

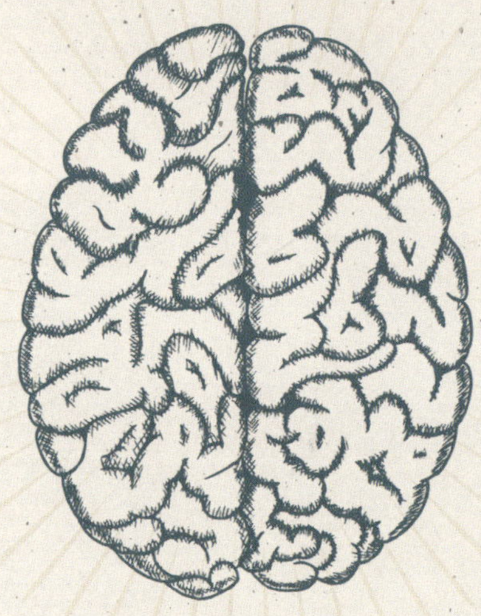

LA RED NEURONAL

Lógica

Une todas las neuronas de la cuadrícula de la página siguiente de acuerdo con las reglas indicadas a continuación.

REGLAS

a. Conecta cada neurona (representada por un círculo con un número) con otra neurona como mínimo. El número de cada neurona indica cuántas conexiones realiza con otras neuronas.

b. Las conexiones solo pueden realizarse en horizontal o en vertical, y solo se permiten dos conexiones como máximo entre dos neuronas.

c. Las conexiones no pueden cruzarse. Una vez completada la cuadrícula, las neuronas deben formar un único grupo interconectado.

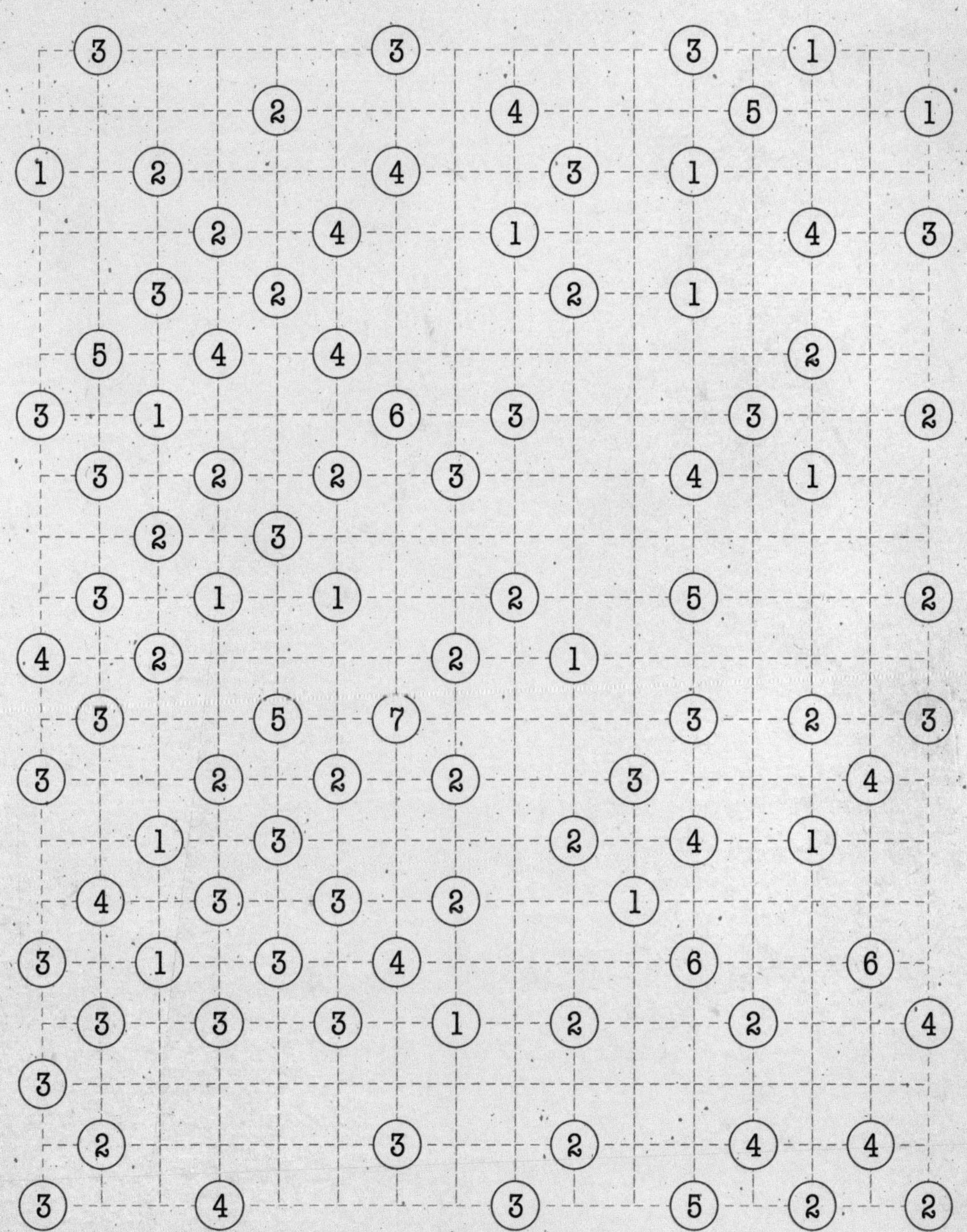

ENIGMA DE COLISIÓN

Matemáticas

Un científico observa en un colisionador de partículas la cantidad de colisiones que se producen entre los núcleos atómicos en cada serie del experimento. Después de 30 vueltas, el científico calcula una media de cuatro colisiones en cada una. Después de 30 más, la media se incrementa a 12. ¿Cuál es el promedio de colisiones en la segunda serie de 30 vueltas?

LA SUCESIÓN DE FIBONACCI

Matemáticas

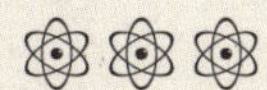

Una profesora de física ha escrito en la pizarra el comienzo de la conocida sucesión para que la copien los alumnos, sin embargo, ha cometido un error involuntario. ¿Podrías deducir cómo funciona la sucesión y descubrir cuál es el número incorrecto de la serie?

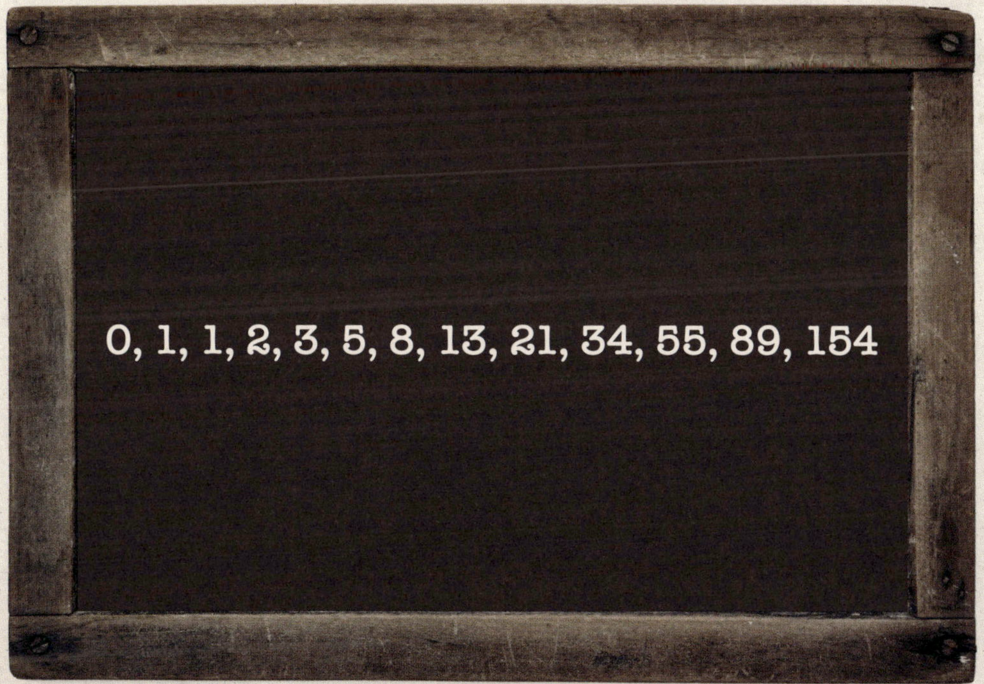

0, 1, 1, 2, 3, 5, 8, 13, 21, 34, 55, 89, 154

VOLUMEN

Matemáticas

Un químico está haciendo inventario del instrumental del laboratorio y le han pedido que calcule el volumen de varios objetos de cristal. ¿Podrías averiguar el volumen del vaso de precipitados de la derecha? Ten en cuenta que se trata de un cilindro perfecto. Da la respuesta en centímetros cúbicos.

Altura: 20 cm

Radio: 5 cm

DE DOS EN DOS

Lógica

¿Podrías localizar los ocho átomos en la cuadrícula? En cada fila, cada columna y las dos diagonales principales debe haber exactamente dos átomos. Además, en toda la zona sombreada tiene que haber dos. Hemos puesto el primero para que te sirva de guía. ¿Podrías averiguar la ubicación de los otros siete?

POSITIVO Y NEGATIVO

Lógica

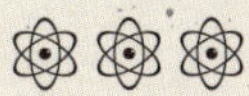

Los protones tienen carga positiva, y los electrones, negativa. Las cargas se indican con los signos + y –, respectivamente. ¿Podrías resolver este rompecabezas con los mismos símbolos, pero con el significado «mayor que» y «menor que», respectivamente?

Debes colocar los números del 1 al 9 una vez en cada fila, cada columna y cada recuadro de 3x3 delimitado en negrita. De izquierda a derecha y de arriba abajo, un signo + o un signo – entre dos dígitos indica que uno de los dos tiene un valor mayor (+) o menor (–) que el otro. Los signos se aplican a cada par de dígitos consecutivos que aparecen en la cuadrícula. El orden de los signos es coherente. Por ejemplo:

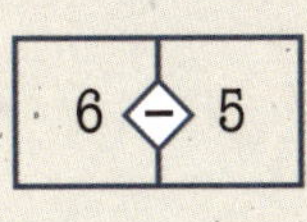

Eso significa que puedes colocar directamente dos números en la cuadrícula: un 9 encima del 8 y un 1 a la izquierda del 2. ¿Podrías resolver el resto del rompecabezas aplicando la lógica?

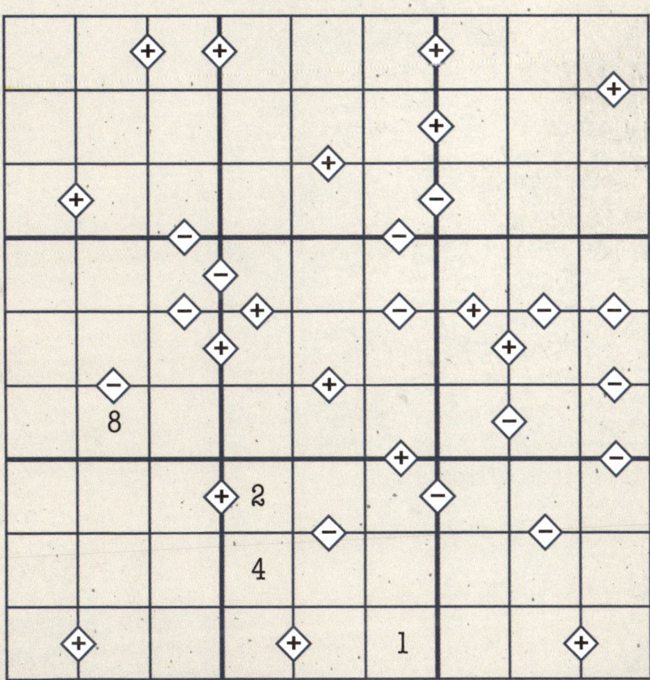

HACIENDO OLAS

Resolución de problemas

El estudio y la comprensión de las propiedades de las olas ha sido una gran contribución para el progreso científico. En la cuadrícula de abajo hay varias islas. ¿Podrías descubrir la forma de cada una de ellas, localizarlas y rellenar el agua que forma olas a su alrededor de acuerdo con las reglas siguientes?

Reglas

a. Las casillas con números son islas. El número indica las casillas contiguas que ocupa la isla en la cuadrícula. Hay una casilla numerada por cada isla.

b. Las islas no se tocan entre ellas en ningún punto, ni horizontal ni verticalmente.

c. El agua llena todas las casillas que no forman parte de una isla, y todas forman parte de un mismo grupo (no puede quedar ninguna casilla con agua separada del resto).

d. El agua no puede ocupar un espacio de 2 x 2 o mayor.

1			1			
	1				1	
		3				
						4
	1					
			2		2	

SECUENCIA SIMBÓLICA

Lógica

Observa la secuencia de abajo. ¿Podrías averiguar cuál de las figuras (A, B, C o D) es la siguiente?

UN PROBLEMA DE PESO

Lógica

Un científico está realizando un experimento, pero le han advertido de que, por error, una de las nueve probetas se ha llenado demasiado y pesa algo más que los ocho restantes. ¿Podrías averiguar cuál es utilizando la balanza solo dos veces?

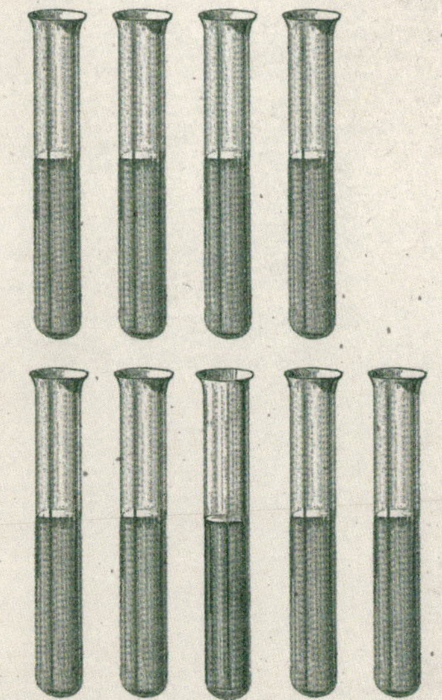

ENSAYO DE LABORATORIO

Resolución de problemas

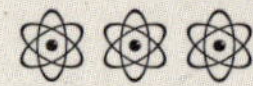

Cinco científicos están llevando a cabo experimentos en sus respectivos despachos. ¿Podrías relacionar a cada científico (Hoffman, Richter, Schneider, Schulz y Weber) con el número de su despacho (1, 2, 3, 4 y 5), la sustancia química que manipulan (acetona, peróxido de hidrógeno, yodo, ácido nítrico e hidróxido sódico) y el instrumental de laboratorio que tienen delante (quemador de Bunsen, pipeta, probetas, termómetro y pinzas)?

a. El profesor Richter está comprobando la temperatura de su experimento, por tanto, usa el termómetro, mientras que el profesor Hoffman está utilizando el quemador de Bunsen.

b. El científico que mide con cuidado el peróxido de hidrógeno trabaja en un despacho que es un número mayor que el del profesor Hoffman.

c. El que manipula el yodo lo hace en un despacho que tiene un número mayor que el del científico que tiene una hilera de probetas en la mesa.

d. El profesor Weber manipula acetona en el despacho 3. No necesita pinzas para su experimento. Al profesor Schneider se le puede encontrar en el despacho con el número menor.

e. El científico que manipula el hidróxido sódico trabaja en un despacho que tiene un número más alto que el del científico que usa el termómetro.

1

Nombre

Sustancia química

Instrumental

2

Nombre

Sustancia química

Instrumental

3

Nombre

Sustancia química

Instrumental

4

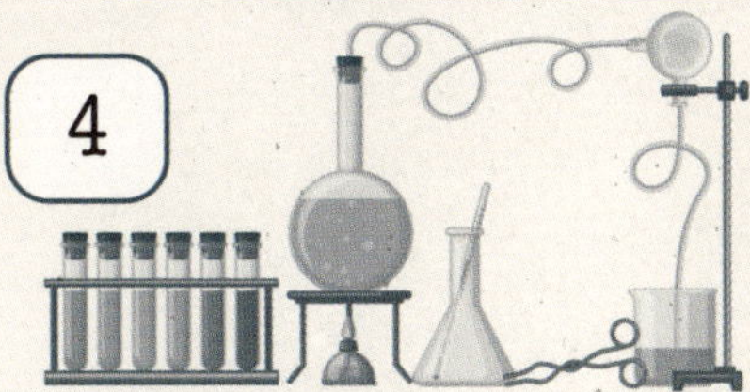

Nombre

Sustancia química

Instrumental

5

Nombre

Sustancia química

Instrumental

CIENCIA INEXPUGNABLE

Lógica

Un científico custodia unos documentos importantes en una caja fuerte especial. Para poder abrirla, hay que pulsar los botones uno por uno. El que está marcado con una X, que abrirá la caja, es el último de los 25. ¿Podrías averiguar cuál debe pulsarse en primer lugar? Las flechas indican la dirección y a cuántas casillas de distancia se encuentra el siguiente botón correcto. Por ejemplo, un botón marcado con 1→ indica que, después de pulsarlo, hay que pulsar el que tiene a su derecha.

2→	X	1↙	1→	2↓
3↘	3↘	2↙	1↓	2←
1→	1↖	2←	2↖	1↖
3↗	2→	1↙	1→	2↑
4↑	1↑	2↑	1↖	2←

LÍNEAS DE NÚMEROS

Lógica

Pon a prueba tus habilidades para resolver problemas de lógica con esta cuadrícula en la que los números del 1 al 9 tienen que aparecer una sola vez en cada fila, cada columna y cada recuadro de 3x3 delimitado en negrita. Además, los números del 1 al 9 deben aparecer una sola vez en cada una de las siete líneas naranjas que se han añadido a la cuadrícula.

EL PRINCIPIO DE EXCLUSIÓN DE PAULI

Lógica

En 1925, el físico austriaco Wolfgang Pauli formuló el famoso principio que lleva su nombre, según el cual dos electrones no pueden ocupar el mismo estado cuántico simultáneamente. ¿Podrías localizar los seis electrones de la cuadrícula de abajo? Dado que dos electrones no pueden compartir el mismo estado, en este caso no pueden estar en la misma fila, columna o figura delimitada en negrita. Y tampoco pueden tocarse, ni siquiera en diagonal.

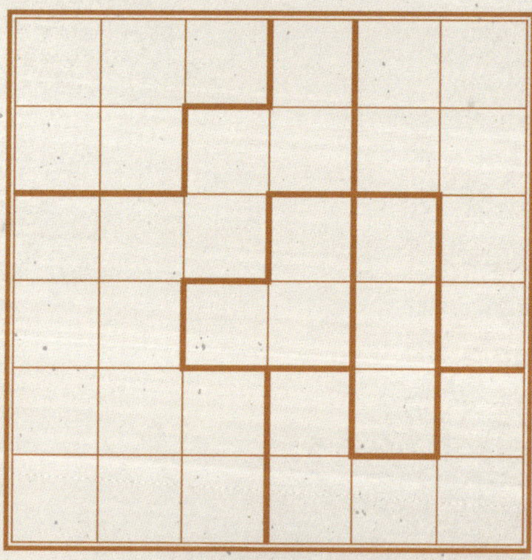

CÓDIGO CIENTÍFICO

Matemáticas

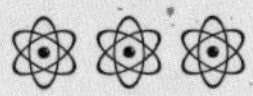

Cada número de abajo, del 1 al 18, representa una letra distinta del alfabeto. Pon a prueba tus habilidades para descifrar códigos, combinadas con tus conocimientos científicos, para averiguar la letra que representa cada número y descubrir los apellidos de diez reconocidos científicos.

A ☐☐☐☐☐☐☐☐
1 2 3 4 5 1 2 3

B ☐☐☐☐☐☐
3 1 6 5 7 3

C ☐☐☐☐☐
8 9 10 2 1

D ☐☐☐☐☐☐
1 11 2 4 7 3

E ☐☐☐☐☐☐☐☐☐☐
12 1 2 4 1 3 13 1 10 14

F ☐☐☐☐☐☐
11 15 10 6 2 3

G ☐☐☐☐☐
3 7 13 1 16

H ☐☐☐☐☐
5 1 4 16 15

I ☐☐☐☐☐☐☐☐☐☐
10 9 5 12 1 10 17 7 10 11

J ☐☐☐☐☐☐☐
17 16 1 18 2 3 14

NÚMEROS TRIANGULARES

Lógica

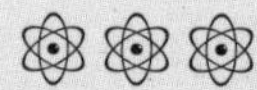

Los números triangulares se obtienen a partir de un solo punto que va formando triángulos cada vez más grandes al ir añadiendo filas de puntos debajo con un punto más que la fila anterior. Así se crea la secuencia 1, 3, 6, 10, 15, 21, y así sucesivamente.)

¿Podrías averiguar los números que deberían ocupar los tres espacios en blanco de este enigma triangular? El número que aparece en cada círculo es la suma de los números que figuran en los dos cuadrados de los extremos de la línea donde se asienta el círculo.

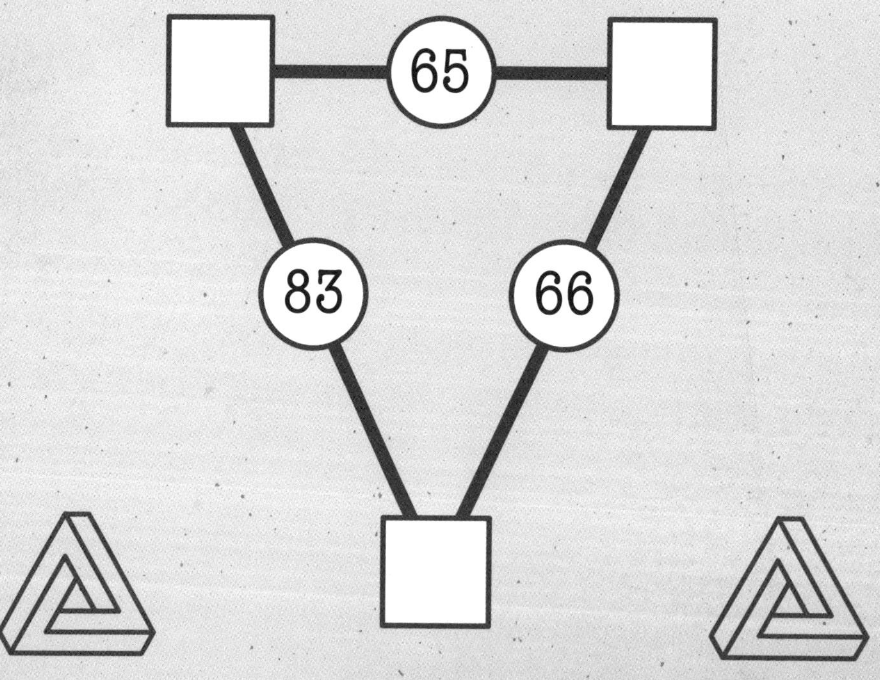

RECONOCIMIENTO DE PATRONES

Lógica

¿Podrías averiguar la relación que existe entre los números de la cuadrícula de abajo para determinar qué número debería sustituir el interrogante de la última fila?

8	1	6	2
9	2	7	3
4	2	4	6
5	3	5	7
6	?	0	5

EL PEZ DE EINSTEIN

Lógica

Einstein se inventó este enigma, en el que debes guiarte por las pistas para averiguar la siguiente información sobre las casas numeradas del 1 al 5: el color de la vivienda, la nacionalidad del propietario, su mascota, su bebida favorita y la marca de cigarrillos que fuma. Tienes que descubrir de quién es el pez. Al parecer, Einstein dijo que el 98 % de la población sería incapaz de encontrar la solución. ¿Serás capaz de resolver el acertijo y convertirte en parte del elitista grupo del 2 %?

El británico vive en la casa roja.

El que fuma Blue Master toma cerveza.

El que vive en la casa amarilla fuma Dunhill.

El noruego vive al lado de la casa azul.

El alemán fuma Prince.

El sueco tiene perros.

El danés toma té.

La casa verde está a la izquierda de la casa blanca.

El que vive en la casa verde toma café.

El noruego vive en la primera casa.

El que fuma Pall Mall cría pájaros.

El que fuma cigarrillos Blend vive al lado del que toma agua.

El que vive en la casa del medio toma leche.

El que fuma cigarrillos Blend vive al lado del que tiene gatos.

El que tiene caballos vive al lado del que fuma Dunhill.

Completa la tabla para resolver el enigma y responder a la pregunta:
«¿De quién es el pez?»

	Casa 1	Casa 2	Casa 3	Casa 4	Casa 5
Color de la casa					
Habitante					
Mascota					
Bebida					
Cigarrillos					

DESCOMPOSICIÓN MOLECULAR

Lógica

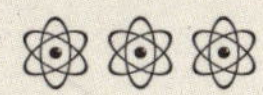

Un científico está analizando una molécula compuesta por siete átomos. La molécula contiene carbono, oxígeno e hidrógeno. La forma de la molécula se muestra abajo (cada casilla representa un átomo). ¿Podrías averiguar la composición de la molécula a partir de las pistas? Una vez descifrada, escribe C, H u O en cada casilla para representar los átomos de carbono, hidrógeno y oxígeno, respectivamente.

La molécula contiene dos átomos de oxígeno.

La molécula contiene al menos un átomo de carbono y al menos tres átomos de hidrógeno.

El oxígeno está rodeado al menos de dos átomos de hidrógeno.

El carbono y el hidrógeno están juntos una vez.

El carbono está junto a dos átomos de oxígeno.

El oxígeno está solo.

El átomo de la parte superior de la molécula (la primera casilla del diagrama de la derecha) no es de hidrógeno.

CAMINOS QUÍMICOS

Resolución de problemas

Moviéndote de una casilla a otra casilla adyacente, ¿podrías crear un camino continuo que pase por cada una de ellas una vez y formule todos los elementos químicos que figuran a la derecha de la cuadrícula? Empieza por la casilla sombreada.

3	H	2	O	N	H	3
O	O	S	N	Z	2	H
2	4	N	A	H	O	F
E	F	3	O	C	C	O
A	C	L	C	2	H	A
N	H	2	H	O	5	C
4	O	S	S	I	O	2

C_2H_5OH
CaO
CO_2
Fe_2O_3
H_2O
H_2SO_4
HF
NaCl
$NaHCO_3$
NH_3
SiO_2
$ZnSO_4$

ROMPECABEZAS DE AJEDREZ

Lógica

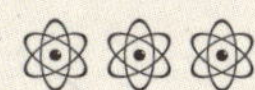

El científico Richard Feynman comparó el descubrimiento de las leyes de la física con el aprendizaje del ajedrez solo viendo cómo jugaban los demás. ¿Podrías resolver este enigma aplicando la lógica? Un caballo pasa una vez por cada casilla de la cuadrícula, empezando por la 1 y terminando en la 100 (ambas sombreadas). Deduce el recorrido completo del caballo (parte del cual ya está marcado) hasta completar la cuadrícula. Recuerda que el caballo se desplaza dos casillas en horizontal y una en vertical, o dos casillas en vertical y una en horizontal.

22	35	4		24	33	6			
	72				70				50
	21	76					67		27
		79	64		68			49	8
	37		77	88	83				29
1				61		85	94		
						54			
		81			90		100		10
					41		45	98	
15	58	17		13	56	97	42		46

COMETA DECAGONAL

Matemáticas

Un astrónomo que observa un cometa obtiene claramente la imagen de un decágono. ¿Podrías averiguar la suma de los ángulos internos del decágono de abajo?

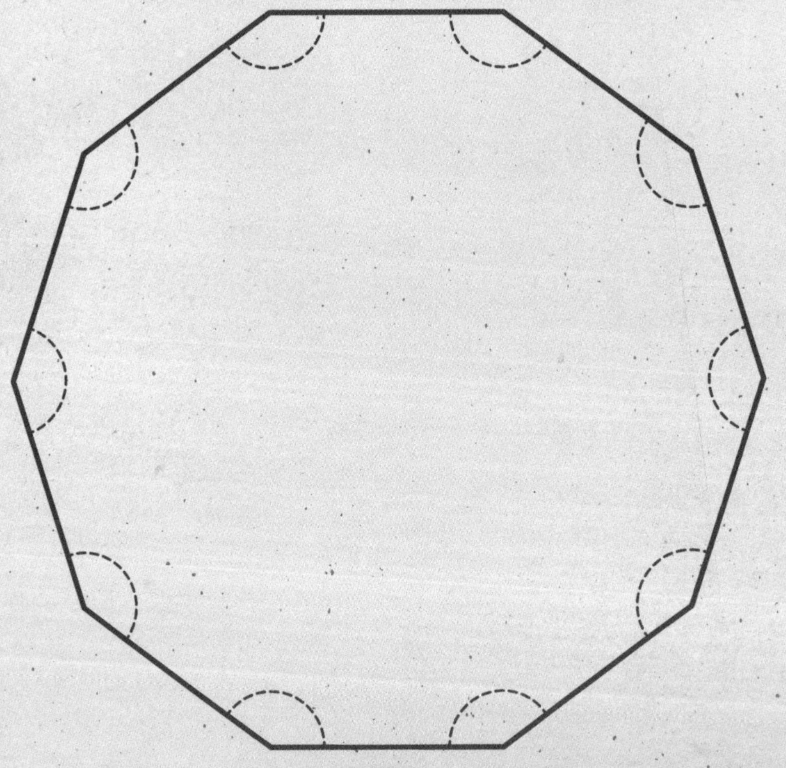

TEORÍA DE GRUPO

Matemáticas

¿Te atreves a resolver este complicado enigma combinando las matemáticas y la lógica? La suma de cada grupo de cuatro casillas debe coincidir con el número central que aparece en un círculo blanco. Además, los números del 1 al 9 tienen que aparecer una sola vez en cada fila, columna y recuadro de 3x3 delimitado en negrita.

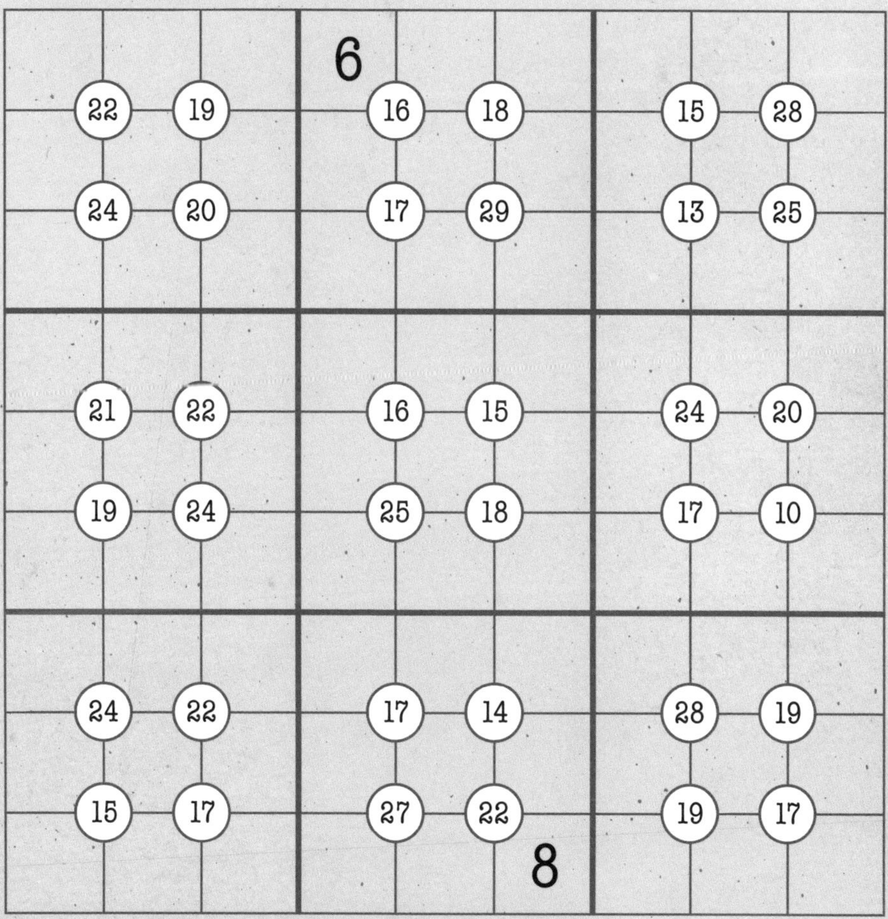

			6					
					8			

22	19	16	18	15	28
24	20	17	29	13	25
21	22	16	15	24	20
19	24	25	18	17	10
24	22	17	14	28	19
15	17	27	22	19	17

SOLUCIÓN CRISTALINA

Matemáticas

Un científico que estudia un cristal en el microscopio se da cuenta de una curiosa regularidad: la estructura del cristal está formada por varios hexágonos. El diagrama de arriba muestra cada hexágono, dividido en seis triángulos. El científico ha descubierto que la cantidad total de átomos de cada grupo de seis triángulos que forman el hexágono es 26. ¿Podrías poner un número del 1 al 9 en cada triángulo vacío para completar el diagrama de manera que los números de cada hexágono sumen, efectivamente, 26? No puede repetirse ningún número dentro del mismo hexágono.

DESAFÍO CÚBICO

Resolución de problemas

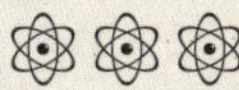

La capacidad de visualización es una herramienta muy útil para cualquier científico. A la izquierda, se muestra un dado desplegado y, a la derecha, los símbolos que aparecen en su parte superior después de lanzarlo en la dirección indicada por cada una de las flechas. ¿Podrías visualizar qué símbolo del dado aparecerá en las casillas en blanco, según la dirección de las flechas, para completar el diagrama?

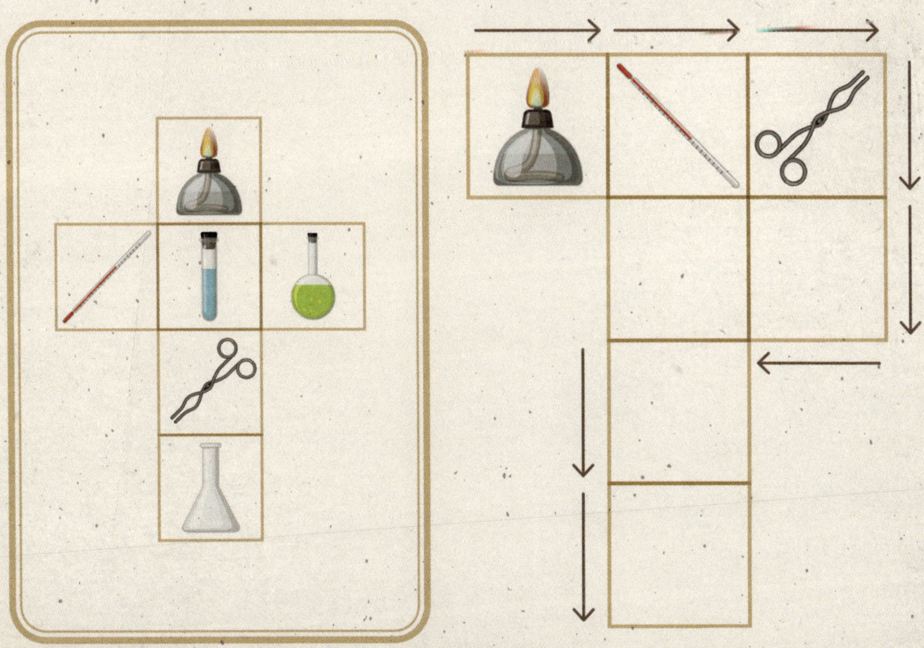

CONJUNTOS DE NÚMEROS

Lógica

Cada una de las figuras delimitadas en negrita de la cuadrícula de abajo debe contener los números del 1 al 5 como máximo, en función de su tamaño. Por ejemplo, si la figura tiene cuatro casillas, deberá contener los números 1, 2, 3 y 4 en cualquier orden. Ten en cuenta que un número no puede estar al lado de otro igual ni siquiera en diagonal.

NÚMEROS E

Lógica

¿Podrías completar este enigma numérico en forma de la letra E de Einstein? Debes llenar las casillas en blanco de manera que la suma total coincida con la que se especifica al principio de cada fila y cada columna. Los números, del 1 al 9, no pueden repetirse ni en vertical ni en horizontal.

	38	42	7	13	17	4
23						
38						
6			7	9	3	12
26						
37						
3			12	3	8	13
21						
34						

CUATRO ELEMENTOS

Resolución de problemas

La ciencia ha evolucionado mucho desde la antigua Grecia, cuando se creía que el universo estaba formado por los cuatro elementos: fuego, agua, tierra y aire. ¿Podrías resolver este rompecabezas, en el que hay que jugar exactamente con cuatro elementos (los números del 1 al 4) en cada rectángulo de cuatro casillas delimitado en negrita? Los números del 1 al 4 deben aparecer dos veces en cada fila y cada columna de la cuadrícula. No puede haber dos dígitos iguales juntos, ni en horizontal ni en vertical.

4				1			
						4	
			4				
						1	
3		1					3
			3	2			
					2		
	2				3		

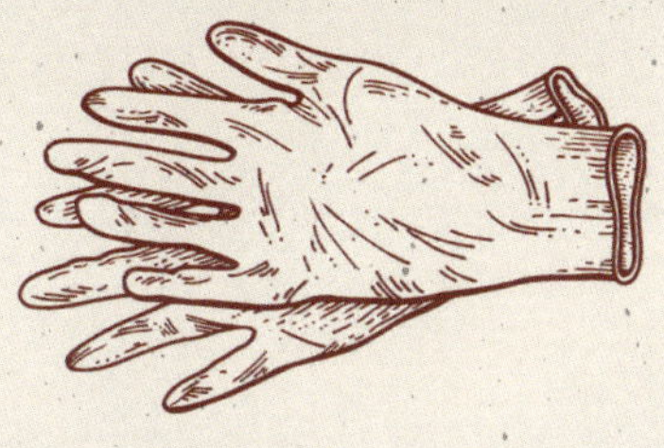

MANOS SEGURAS

Resolución de problemas

Mientras trabaja en el laboratorio, un científico necesita cambiarse los guantes para continuar su tarea con seguridad. Hay guantes de tres tallas: pequeña, mediana y grande. Él utiliza la pequeña, pero, por desgracia, los guantes están todos mezclados, y en el armario del laboratorio solo hay una gran caja opaca que contiene 10 guantes pequeños, 12 medianos y 14 grandes. Casualmente, el primero que el científico saca de la caja resulta ser pequeño. ¿Cuántos guantes más tendrá que sacar para estar seguro de haber sacado un segundo guante pequeño que acompañe al primero?

TRABAJO EN PAREJAS

Resolución de problemas

En un laboratorio de química universitario, el profesor ha pedido a los alumnos que realicen una actividad práctica por parejas. Sin embargo, cada estudiante debe formar pareja con todos los demás para ganar cuanta más experiencia mejor al trabajar con otros colegas científicos. Teniendo en cuenta que en la clase del profesor hay 12 alumnos, ¿cuántas parejas de alumnos distintas pueden haber?

HA NACIDO UN GENIO

Resolución de problemas

Nacido en 1643, Isaac Newton hizo contribuciones fundamentales al mundo de la ciencia, incluida su célebre ley de gravitación universal.

¿Podrías resolver este enigma en el que algunos grupos de cuatro casillas deben estar formados por los números 1, 6, 4 y 3 en el orden que sea? Cuando eso ocurre, el número 1643 aparece en la intersección de los cuatro cuadrados. El resto del enigma se soluciona aplicando las reglas de un sudoku: cada fila, cada columna y cada recuadro de 3 x 3 casillas delimitado en negrita debe incluir un número del 1 al 9 una sola vez.

			2	6			5	
		5		9		2		
								4
6			5					
	5						9	
					7			1
8								
		6		7		9		
	3			5	2			

NÚMERO EQUIVOCADO

Resolución de problemas

Abajo hay un fragmento de una página de la agenda de un científico. ¿Podrías averiguar la identidad de la persona que vive en esa dirección a partir del número anotado?

Nombre: ??????

Dirección: 24 Rue de la Glacière

Número: 6 2 77 444 33 222 88 77 444 33.

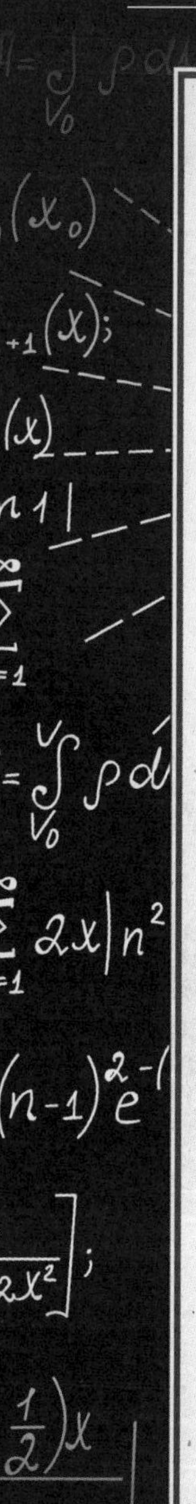

Enigmas diabólicos

HEXÁGONOS

Resolución de problemas

Se sabe desde hace mucho que las abejas fabrican sus panales con celdas hexagonales. Lo que han descubierto los científicos es que lo hacen porque el hexágono les permite optimizar mejor el espacio. Necesitarás todas tus habilidades de pensamiento lógico para resolver este complicado rompecabezas formado íntegramente por hexágonos. Los números del 1 al 9 deben aparecer una única vez en cada grupo de hexágonos de 3x3 delimitados en negrita, así como en cada fila y cada columna de la cuadrícula. Además, los números no pueden repetirse en ninguna de las diagonales de distinta longitud que la atraviesan, como la que empieza en el hexágono superior izquierdo, que comprende los números 5, 1, 9, 3 y 6 y cuatro blancos, y las otras diagonales en la misma dirección.

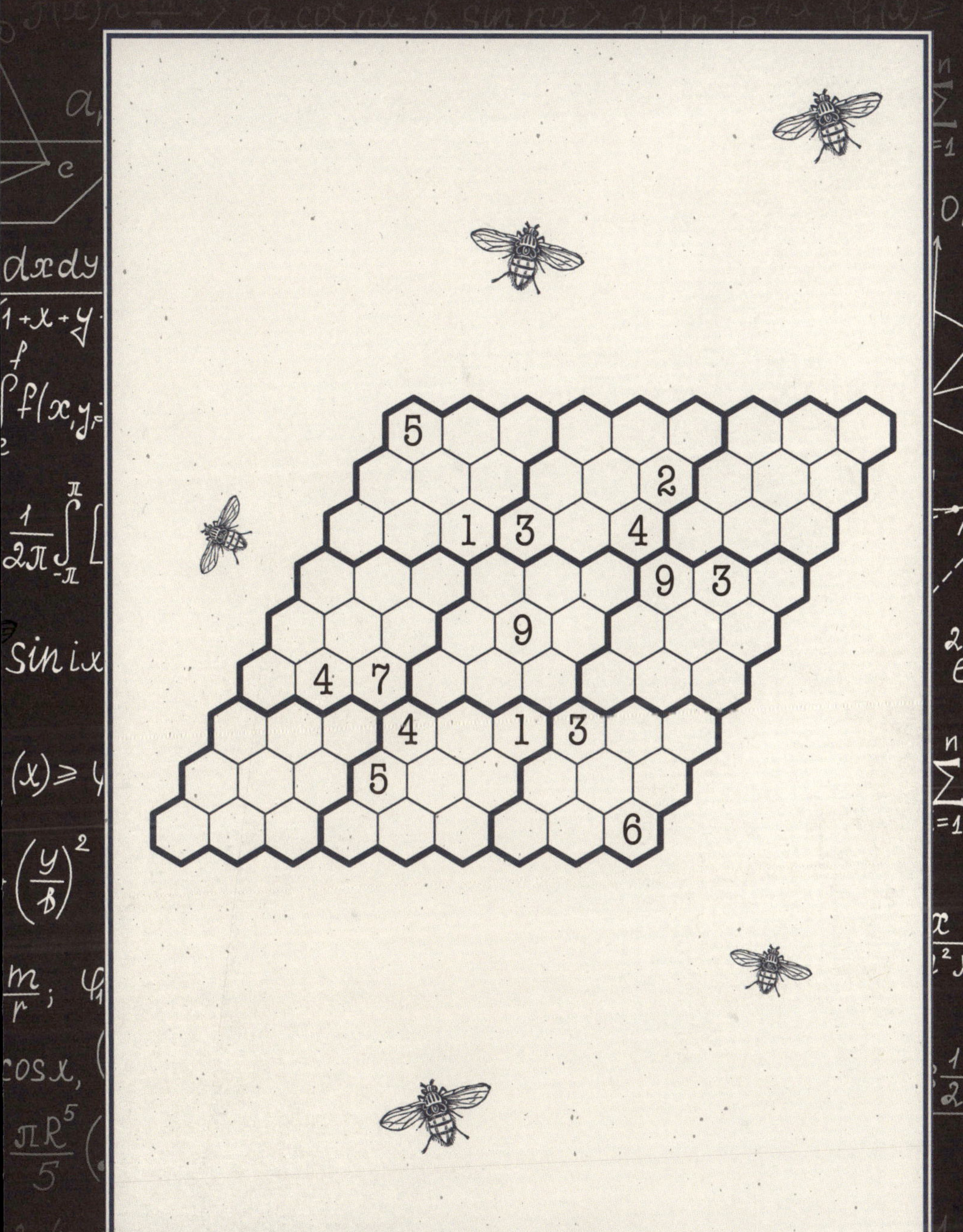
5
2
1 3 4
9 3
9
4 7
4 1 3
5
6

PELILLOS A LA MAR

Resolución de problemas

Un científico forma parte de la tripulación de una flota de diez embarcaciones que investigan la vida marina del fondo del mar. Los barcos aparecen junto a la cuadrícula de la página siguiente. Los más pequeños, representados por un círculo, que ocupan solo una casilla, son submarinos. Tres de ellos ya se encuentran en el lugar que les corresponde para servirte de guía. El científico va en el cuarto y último submarino. ¿Podrías decir cuál es su posición en la cuadrícula?

Las letras del apellido de uno de los científicos más importantes de la historia, EINSTEIN, se encuentran en el margen de la cuadrícula, al final de las filas y columnas. Cada letra representa un número entero del 1 al 5. Debes averiguar a qué número corresponde cada letra para resolver el rompecabezas. Una vez convertidas en el número correcto, las letras indicarán los fragmentos de los barcos que hay en esa fila/columna. Si no hay ninguna letra al final de las mismas, significa que no hay ningún barco en esa fila/columna. Los diez barcos deben estar rodeados de agua en horizontal, en vertical y en diagonal.

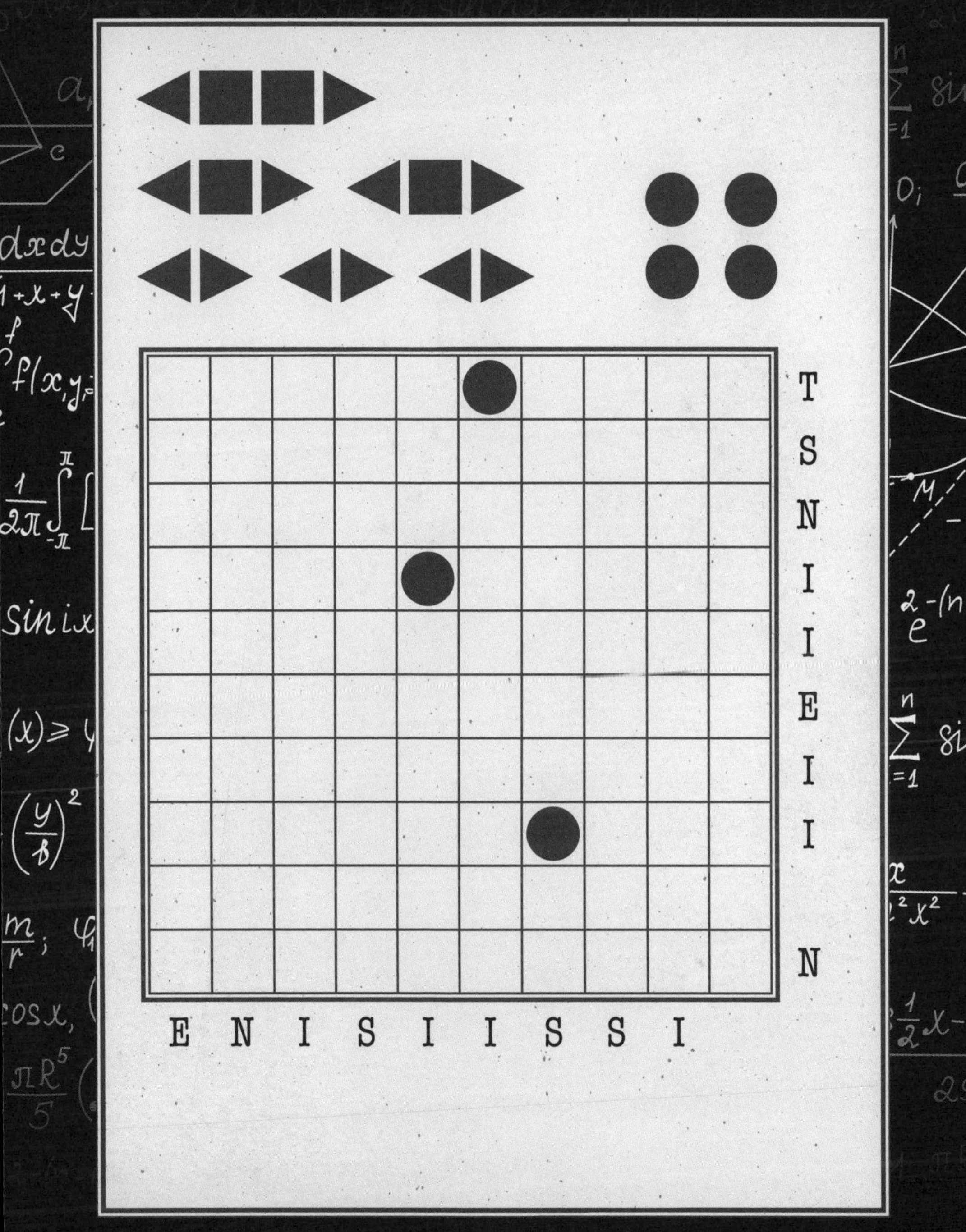
T
S
N
I
I
E
I
I
N
E N I S I I S S I

SECUENCIA DEL ADN

Resolución de problemas

Un científico estudia hebras de ADN. Cada una de las cuatro bases se representa con un color diferente. ¿Podrías encontrar cada una de las 12 secuencias de la derecha en la cuadrícula? Pueden aparecer en horizontal, en vertical y en diagonal, ya sea del derecho o del revés.

GRANDES CIENTÍFICOS

Matemáticas

Ha habido grandes científicos a lo largo de la historia, y tratar de escoger al «mejor que» sus colegas no resulta fácil. ¿Podrías resolver este rompecabezas que establece comparaciones entre los números, a partir de los símbolos «mayor que» y «menor que»? Debes colocar los números del 1 al 6 en cada fila, cada columna y cada recuadro de 3x2 delimitado en negrita siguiendo las indicaciones de los símbolos de la cuadrícula.

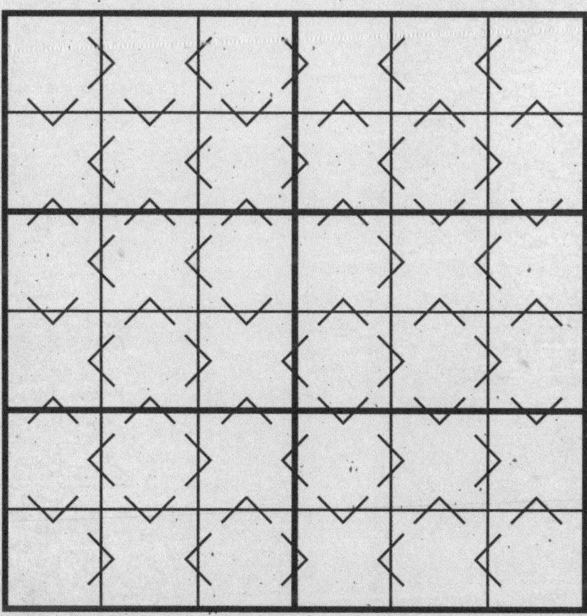

GOTEO DE NOMBRES

Lógica

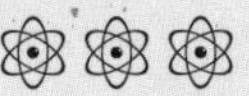

Para resolver este rompecabezas de lógica, debes colocar cada una de las letras que han ido cayendo debajo de la cuadrícula de manera que aparezcan los nombres de los científicos de la lista. Hazlo de manera que puedan leerse saltando de casilla en casilla (en horizontal, en vertical o en diagonal).

CURIE
DIRAC
FERMI
FRANCK
HABER
UREY
WALTON

T			B	
	W			E
■				
■		U		D

A C F H I K L M N O R Y

¿SIGUIENTE?

Matemáticas

¿Podrías averiguar el número que sigue y ocupa el lugar del interrogante?

21	10	18	13	15	16	12	19	9	?

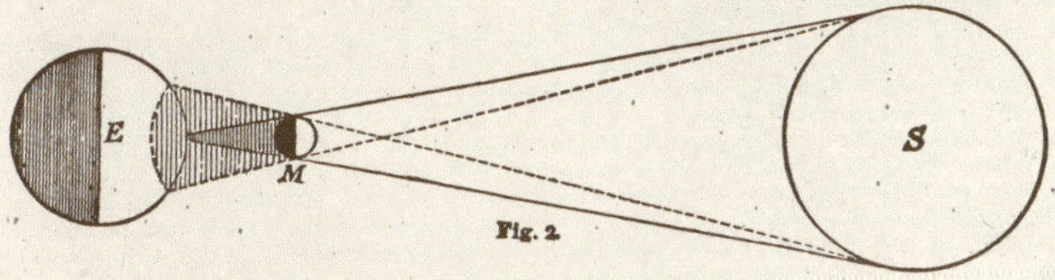

ECLIPSE SOLAR

Matemáticas

A menudo, los científicos tienen que viajar a lugares remotos para obtener buenas vista de un eclipse de sol. Un astrónomo lleva varios días de viaje por zonas remotas de Sudamérica para presenciar uno. El primer día, cubre una cuarta parte de la distancia total. El segundo día, cubre un tercio de la distancia restante. El tercer día, consigue recorrer una cuarta parte del trayecto que queda. Si todavía le quedan 37'5 kilómetros para llegar a su destino, ¿qué distancia ha recorrido hasta ahora?

SIGA LA FLECHA

Lógica

Las cantidades vectoriales suelen representarse con una flecha que indica la dirección del vector y cuya longitud representa su magnitud. ¿Podrías resolver este rompecabezas de lógica con flechas? Coloca los números del 1 al 9 una sola vez en cada fila, cada columna y cada recuadro de 3x3 casillas delimitado en negrita. La suma de los números del cuerpo de la flecha da como resultado el número rodeado con un círculo de su base. Los números del cuerpo de una flecha pueden repetirse, siempre y cuando se respeten las reglas tradicionales del sudoku.

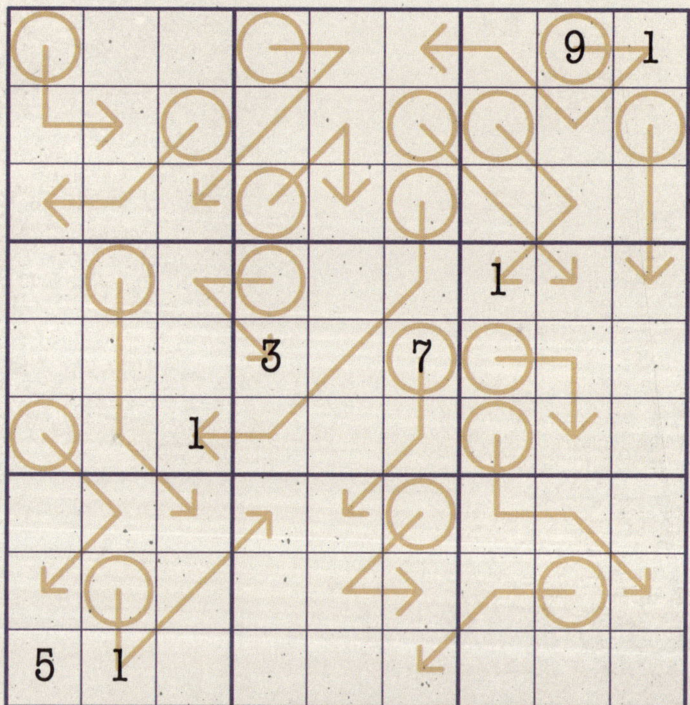

EL ENIGMA DE SCHRÖDINGER

Resolución de problemas

Un enigma de Schrödinger tiene más de una posible solución. No en vano se llama así por el conocido experimento del gato de Schrödinger, en el cual el animal, antes de abrir la caja, puede estar al mismo tiempo vivo o muerto, en función de circunstancias aleatorias.

En este enigma debes elegir una letra de cada fila para obtener el nombre de un físico conocido. Aun así, tiene tres soluciones porque es posible averiguar el nombre, no solo de uno, sino de tres importantes físicos (se puede utilizar una misma letra para más de un nombre) ¿Podrías identificarlos?

F	O	M
A	E	Y
X	Y	R
A	N	W
D	E	M
L	E	A
N	L	Y

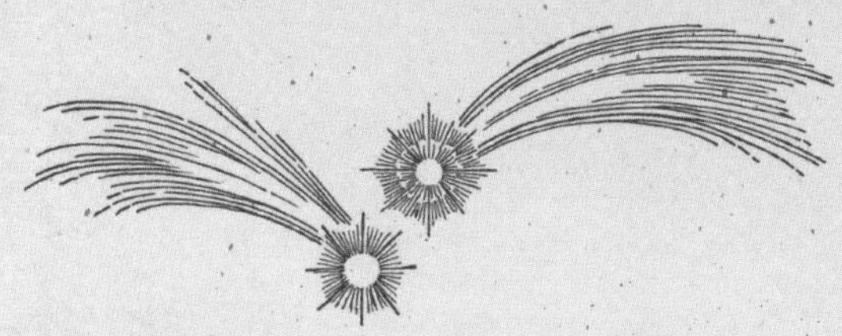

ROMPECABEZAS INNOVADOR

Resolución de problemas

Aplica la lógica para resolver este rompecabezas y averiguar el nombre de un conocido inventor. Debes rodear las letras de algunas casillas de acuerdo con las reglas siguientes: los números de la cuadrícula (escritos en un tamaño mayor que las letras) indican cuántos cuadros contiguos (en horizontal, vertical o diagonal) deberían rodearse. Solo las casillas que tienen una letra pueden rodearse.

G	W	A	Y	T	A	0	1	V
E	3	C	2	0	1	M	N	L
E	4	X	I	2	T	A	K	1
N	5	D	E	R	P	O	2	T
G	3	3	4	R	2	3	R	F
E	E	O	A	O	K	H	A	M
A	B	D	C	B	G	2	3	2
L	1	1	H	2	2	1	T	1
S	E	1	Q	L	Q	U	L	1

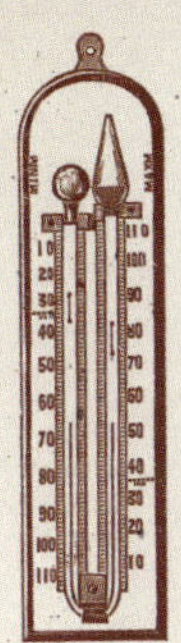

TERMÓMETROS

Lógica

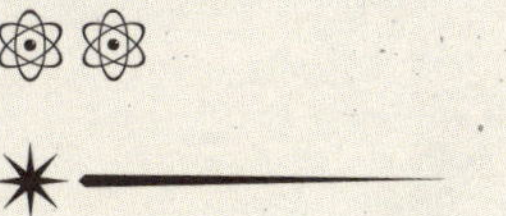

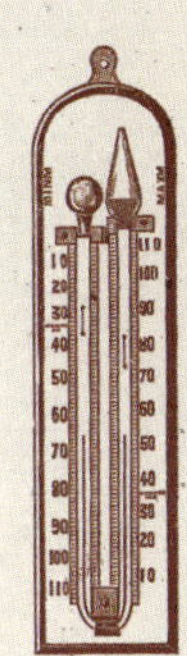

El invento del termómetro se atribuye al físico italiano Santorio Santorio. ¿Podrías completar este rompecabezas de termómetros? Debes colocar los números del 1 al 9 una sola vez en cada fila, cada columna y cada recuadro de 3x3 delimitado en negrita. Los números deben incrementar su valor a lo largo del cuerpo de los termómetros desde la base (círculo) hasta la punta. Estos números no tienen por qué ser consecutivos.

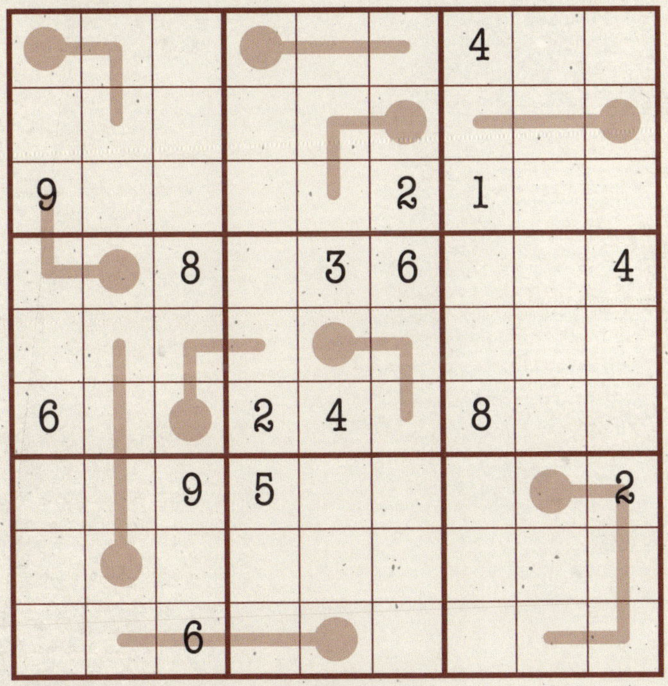

ENCAJADO

Resolución de problemas

Un técnico de laboratorio universitario está haciendo inventario de las gafas de seguridad. Cada caja contiene 12 pares de gafas. Al principio, las cajas estaban apiladas en forma de cubo, siendo la longitud de cada lado la correspondiente a cinco cajas colocadas unas junto a las otras. El diagrama de arriba muestra cuántas cajas de gafas quedan actualmente. Teniendo esto en cuenta, ¿cuántos pares de gafas se han utilizado hasta la fecha?

SOPA DE LETRAS NOBEL

Resolución de problemas

¿Podrías encontrar el nombre de los científicos de la lista en esta sopa de letras? Todos han sido galardonados con el premio Nobel de Física. Debes moverte de letra en letra (en horizontal o en vertical), siguiendo un recorrido continuo que pase por cada casilla una vez y revele el nombre de todos ellos. Empieza por la casilla sombreada.

B	E	E	L	S	O	L	A	K	R
C	C	H	T	N	N	P	N	C	A
A	Q	C	Z	E	L	Z	T	R	Y
R	U	I	M	R	O	K	H	E	L
I	E	L	F	W	I	C	G	I	E
D	R	E	E	D	A	H	H	T	H
N	C	R	R	M	R	C	S	M	O
R	O	A	W	I	E	N	O	E	P
O	N	M	I	G	N	J	O	S	H
B	I	I	L	U	A	P	N	O	S

Becquerel
Born
Chadwick
Dirac
Fermi
Hertz
Josephson
Lorentz
Marconi
Michelson
Pauli
Planck
Rayleigh
Thomson
Wigner

AGUZA EL INGENIO

Lógica

Los cinco científicos de la página siguiente se han hecho un test de inteligencia para averiguar su capacidad intelectual. A partir de las pistas de abajo, ¿podrías deducir la edad, la especialidad y el coeficiente intelectual (CI) de cada uno de ellos?

El científico que es más joven que otros dos y mayor que otros dos tiene un CI un punto más alto o más bajo que el científico que tiene 64 años.

Edwin tiene el CI más alto. Benjamín logró quedar segundo.

El científico que adora la física de partículas tiene un CI dos puntos más alto que el del bioquímico. El segundo científico más joven tiene un CI dos puntos más alto que el del científico que ha dedicado su vida a la computación cuántica.

La persona que estudia fotónica tiene un CI un punto más alto que Emmy. Edwin no es el más joven. Emmy tiene el CI más bajo de los cinco, mientras que Ada es la única con una edad en la que el primer dígito es la mitad que el segundo.

Edades: 27, 32, 48, 59 y 64

CI: 150, 151, 152, 153 y 154

Especialidades: bioquímica, nanotecnología, física de partículas, fotónica y computación cuántica.

Isaac

Edad

CI

Especialidad

Benjamin

Edad

CI

Especialidad

Ada

Edad

CI

Especialidad

Emmy

Edad

CI

Especialidad

Edwin

Edad

CI

Especialidad

CLONES

Resolución de problemas

A medida que los biólogos conocen mejor los mecanismos de la vida, son capaces de hacer cosas hasta ahora inimaginables, como clonar animales. El ejemplo más conocido es el de la oveja Dolly, el primer mamífero clonado a partir de una célula adulta en 1996.

En el rompecabezas de abajo hay otro tipo de clones. Además de que cada fila, columna y recuadro de 3 x 3 casillas delimitado en negrita tienen que contener, sin repetir, los números del 1 al 9, las tres zonas sombreadas son clones mutuos. Esto significa que cuentan con los mismos dígitos en el mismo orden. Teniendo esto en cuenta, ¿podrías resolver el rompecabezas de los clones aplicando la lógica?

8								7
		4	2	3	5			
1								
								9
			9	2	4	7		
4								8

TABLA PERIÓDICA

Resolución de problemas

Dmitri Mendeleev creó la tabla periódica original, que incluía todos los elementos conocidos hasta entonces. La tabla periódica ayudó a demostrar por qué existen regularidades entre las propiedades de determinados elementos e incluso ayudó a los científicos a averiguar qué propiedades podrían tener los elementos «faltantes».

¿Podrías añadir los símbolos de los primeros 25 elementos (del hidrógeno al manganeso) en la tabla de abajo, pero organizados de manera un poco distinta a la de la tabla periódica original? En este caso, los elementos deben formar una cadena simple desde el hidrógeno hasta el manganeso, moviéndose de casilla en casilla en cualquier dirección, incluido en diagonal. Se han añadido cinco elementos para servirte de guía. Los símbolos del margen de la cuadrícula indican en qué fila, columna o diagonal tienen que aparecer.

Ti	Mn	Al	Ar	He	N	Li
Sc			H		Be	Be
Ca		Ca				V
K						C
S		P				O
F					F	Mg
Si	Cr	P	Cl	Na	B	Ne

ORDEN DE LOS ELEMENTOS

Hidrógeno
Helio
Litio
Berilio
Boro
Carbono
Nitrógeno
Oxígeno
Flúor
Neón
Sodio
Magnesio
Aluminio
Silicio
Fósforo
Azufre
Cloro
Argón
Potasio
Calcio
Escandio
Titanio
Vanadio
Cromo
Manganeso

FERIA DE CIENCIA

Lógica

Un grupo de científicos de una universidad acude a la feria de ciencia de una escuela con el objetivo de inspirar a las nuevas generaciones. Llevan consigo ocho instrumentos y tienen previsto explicar el funcionamiento de cada uno de ellos a los curiosos alumnos. ¿Podrías averiguar qué lugar de la mesa ocupan los ocho objetos a partir de las pistas siguientes?

El microscopio está enfrente de la cámara.

La batería está enfrente del televisor.

El microondas está dos números por encima del termómetro.

El telescopio se encuentra entre el microscopio y el termómetro.

El televisor no está en la posición ocho.

El termómetro está en la posición tres.

En la mesa también hay un teléfono.

SIGUE LA SECUENCIA

Resolución de problemas

Observa la serie de nueve cuadrados de la secuencia de abajo. ¿Podrías averiguar qué imagen del final de la página (A, B, C o D) es la siguiente?

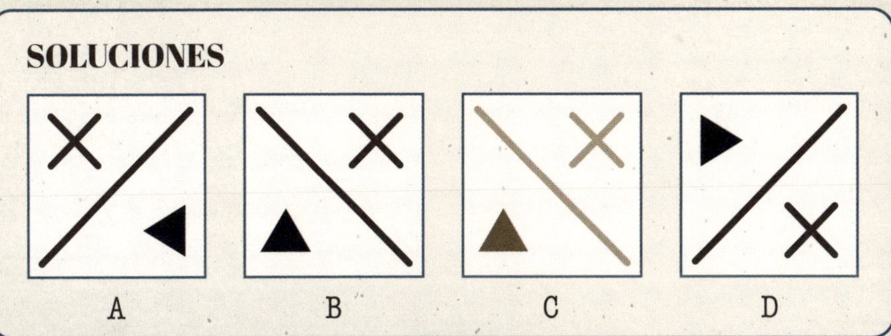

¿QUÉ ES LA ANTIMATERIA?

Resolución de problemas

La antimateria está constituida por las antipartículas de la materia común. El físico Pau Dirac predijo su existencia, que se confirmó en 1932.

¿Podrías aparear todas las partículas de la página siguiente (en círculos verdes) con las antipartículas (en círculos rojos)? Une los pares de círculos con una línea recta en horizontal o en vertical. Las líneas que conectan los distintos pares de partículas/antipartículas no pueden cruzarse.

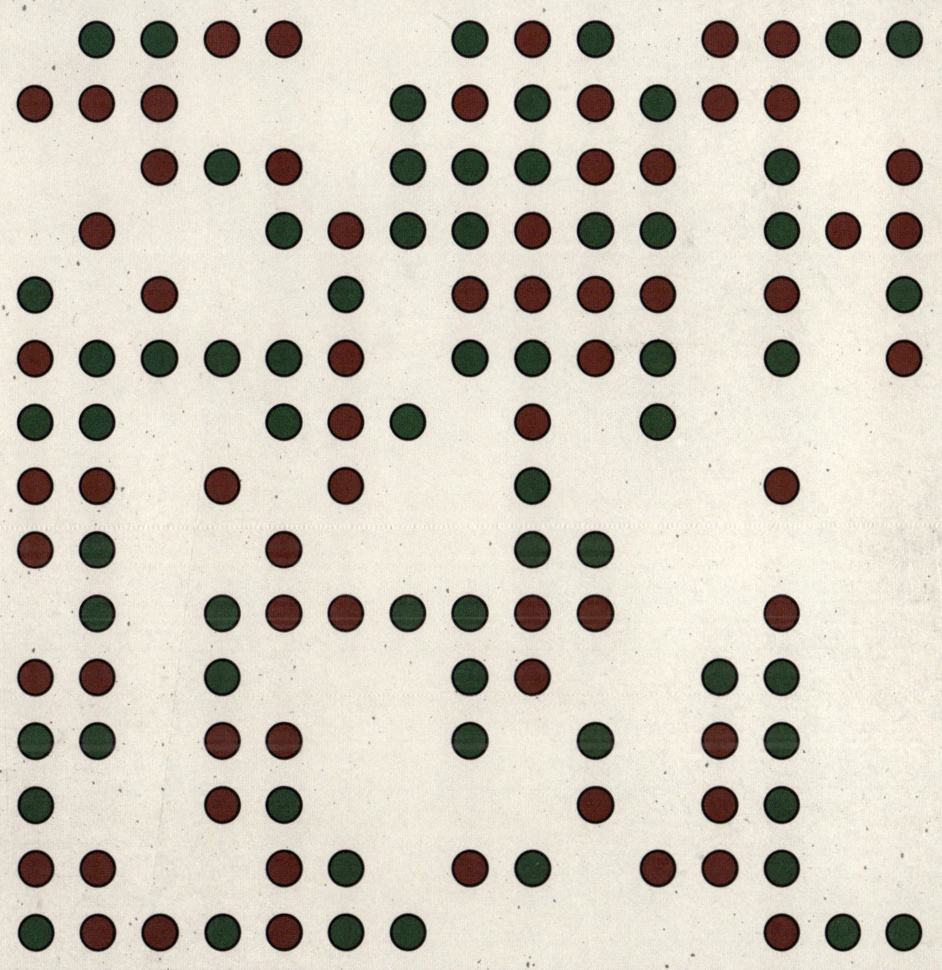

PROBLEMA CLAVE

Resolución de problemas

Observa con atención las teclas destacadas del teclado de ordenador de abajo ¿Podrías averiguar cuál de ellas no encaja con las demás?

MOMENTO BOMBILLA

Resolución de problemas

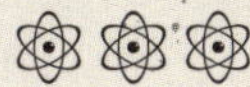

La expresión «encenderse la bombilla», que se dice cuando alguien ha tenido una idea, es un tópico científico. En realidad, los progresos se hacen de manera muy distinta.

¿Podrías encontrar el nombre de los 16 científicos galardonados con el premio Nobel de Fisiología o Medicina en esta sopa de letras? Los nombres pueden aparecer en horizontal, en vertical y en diagonal, tanto al derecho como al revés.

BORDET
BOVET
BUCK
EHRLICH
EINTHOVEN
FLEMING
HOUSSAY
JULIUS
KOCH
KOSSEL
LANDSTEINER
MCCLINTOCK
NICOLLE
OHSUMI
PAVLOV
RICHET

```
            N Z P N
        R F E B K C U B
    U F T E L H O I H C O K
  H E S M S N E R V C Y H Z L
  I Z E C V T I M L E E D T D
S I W A C R Z T E I I T R S R Z
G R L L L P U D Y T N C P K I J
I I M N I C O L L E S G H K C S
R X V V N L E S S O K D P S H Q
R K L G T P A V L O V U N O E I
C F I W O S H O U S S A Y A T D
  R Z M C A I C E A R F T K L
  P S H K E I N T H O V E N I
    O H S U M I T E D R O B
        O N J U L I U S
          E L U S I E
            O W R I
            H D L H
            S H B U
              L U
```

SUDOKU ASESINO SIN JAULAS

Matemáticas

Pon a prueba tus habilidades multitarea con este complicado rompecabezas: un sudoku asesino al que se le han quitado las jaulas. Debes colocar los dígitos del 1 al 9 una vez en cada fila, cada columna y cada recuadro de 3 x 3 casillas delimitado en negrita. Además, debes reconstruir las jaulas del sudoku asesino que han desaparecido. La suma de los dígitos de cada jaula que falta aparece en la cuadrícula, en lo que será la casilla superior izquierda de la misma una vez hayas averiguado su forma correcta. No puedes repetir ningún dígito dentro de una jaula, y no hay jaulas de una sola casilla.

10	11		7		12	7	20	
	6		14	11			10	
11		9			6			7
4			18	14	12	13		
11						13		8
15		10	11	6			16	
	19				14	11		13
8			3				10	
	15		14		6			

MUCHAS LUNAS

Lógica

Un astrónomo que estudia los exoplanetas ha descubierto uno muy intrigante, orbitado por seis lunas de distintos colores. ¿Podrías averiguar la distancia que separa las órbitas de las lunas del planeta (siendo la primera la más cercana y la sexta la más lejana) a partir de las siguientes pistas? Anota la posición orbital del 1 al 6 debajo de cada luna.

La órbita de la luna marrón está más cerca del planeta que la de la luna morada, que ocupa una posición orbital adyacente.

La luna azul orbita el planeta dos posiciones más lejos que la luna amarilla.

La luna verde está más cerca del planeta que la luna amarilla.

La luna roja orbita más lejos que la luna marrón.

La luna verde no es la tercera más cercana al planeta, por tanto, no ocupa la posición orbital 3.

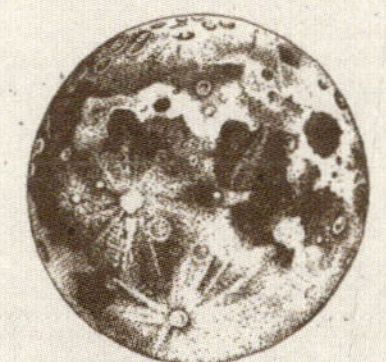

Posición orbital 

Posición orbital 

Posición orbital 

Posición orbital 

Posición orbital 

Posición orbital 

CIENTÍFICOS A LA MESA

Lógica

Siete científicos comparten sus descubrimientos más recientes alrededor de la mesa de un restaurante italiano donde están cenando. A partir de las pistas siguientes, ¿podrías averiguar lo que come cada uno de ellos?

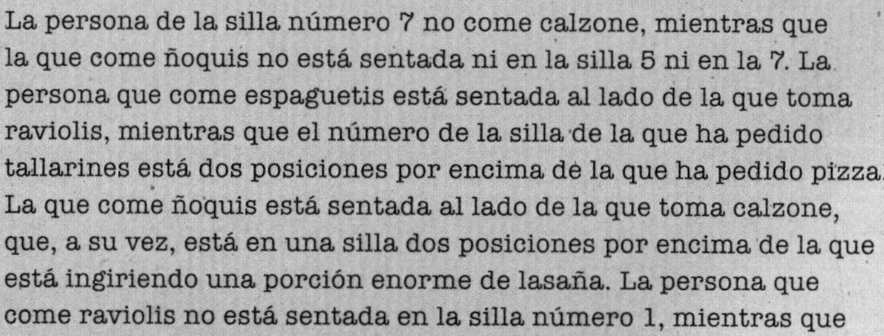

La persona de la silla número 7 no come calzone, mientras que la que come ñoquis no está sentada ni en la silla 5 ni en la 7. La persona que come espaguetis está sentada al lado de la que toma raviolis, mientras que el número de la silla de la que ha pedido tallarines está dos posiciones por encima de la que ha pedido pizza. La que come ñoquis está sentada al lado de la que toma calzone, que, a su vez, está en una silla dos posiciones por encima de la que está ingiriendo una porción enorme de lasaña. La persona que come raviolis no está sentada en la silla número 1, mientras que la que come pizza está en la número 2.

7
1
6
2
5
3
4
1
2
3
4
5
6
7

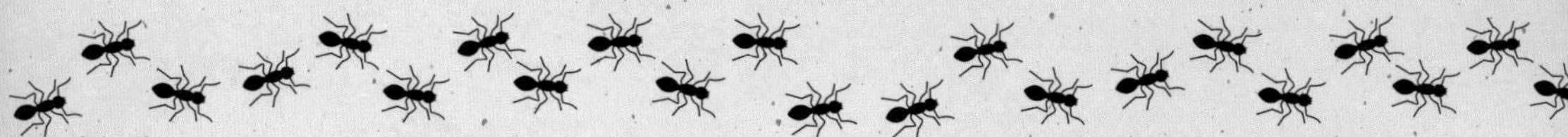

HORMIGA INQUIETA

Resolución de problemas

Un científico observa los movimientos de una hormiga que recorre un laberinto minúsculo. En el diagrama se han dibujado algunas de las líneas que delimitan el laberinto. ¿Podrías dibujar las restantes para completar el espacio que ha recorrido la hormiga? La línea pasa por todos los puntos de la cuadrícula y puede cruzarlos o girar en ángulo recto. Una vez completada, crea un único circuito continuo que no se cruza en ningún punto.

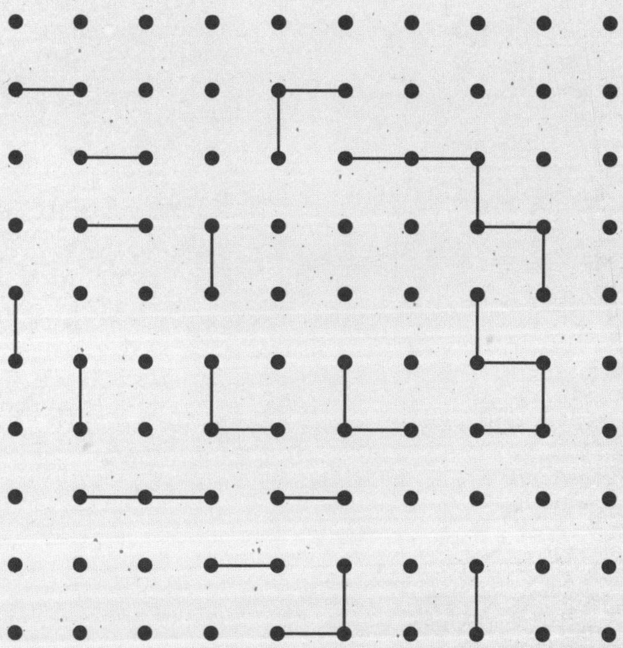

FICHAS DE DOMINÓ

Lógica

Un buen científico debe pensar de manera clara y lógica. ¿Podrías aplicar solo la lógica para averiguar cómo están distribuidas las 28 fichas del dominó, desde la doble blanco a la seis doble, en esta cuadrícula? Cada ficha aparece solo una vez. Indica en la cuadrícula los límites de cada ficha y marca en la cuadrícula las que vayas colocando.

2	5	1	5	6	1	3	0
3	0	1	5	1	5	3	4
4	6	3	4	4	0	0	0
1	1	2	6	1	3	5	2
5	6	4	0	4	6	5	0
2	2	4	3	6	4	2	0
3	1	2	2	6	3	5	6

	0	1	2	3	4	5	6
6							
5							
4							
3							
2							
1							
0							

EN LA COLA

Resolución de problemas

Siete científicos de renombre que asisten a una conferencia hacen cola para comer. A partir de las pistas siguientes, ¿podrías averiguar la posición que ocupa cada uno de ellos y anotarla en la tabla de abajo?

Marie está entre Albert y Paul. No es la sexta, ni Paul el cuarto. Erwin está un lugar más atrás que Max, y Arthur es el tercero.

Albert	Arthur	Erwin	Marie	Max	Paul	Werner

UN PASEO POR EL BOSQUE

Resolución de problemas

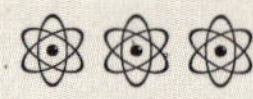

Muchos científicos opinan que salir a dar un paseo ayuda a ejercitar el pensamiento complejo y abstracto, a relacionar ideas e incluso a generar algunas nuevas. Desde su casa del bosque, un científico recorre 4 km en dirección norte, 2 km en dirección este, 1 km en dirección sur, 4 km en dirección oeste y, finalmente, 3 km en dirección sur. ¿Cuántos kilómetros y en qué dirección debe caminar para volver a casa?

CALCULADORA

Resolución de problemas

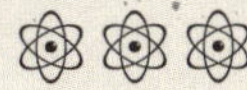

Blaise Pascal creó la primera calculadora mecánica en 1642. Desde entonces, el aparato ha evolucionada mucho.

Observa los dos números que aparecen en la pantalla de la calculadora de abajo. Visualiza cómo se verían si pudieras doblar la pantalla por las dos líneas de puntos. Aparecerá el nombre de un conocido científico. ¿De quién se trata?

CIRCUITO ABURRIDO

Lógica

Soldar a mano las placas de un circuito impreso puede ser una tarea repetitiva y aburrida. Aplica solo la lógica para conectar todos los componentes de la placa del circuito (los círculos con un número) de abajo. Deberás seguir las reglas especificadas a continuación.

Conecta cada componente de la placa al menos con otro. Los números de los círculos indican las conexiones que debes realizar con cada componente.

Las conexiones solo pueden realizarse en horizontal o en vertical, y solo se permiten dos como máximo entre cualquier par de componentes.

Las conexiones no pueden cruzarse. Una vez completado el rompecabezas, los componentes formarán un único circuito interconectado.

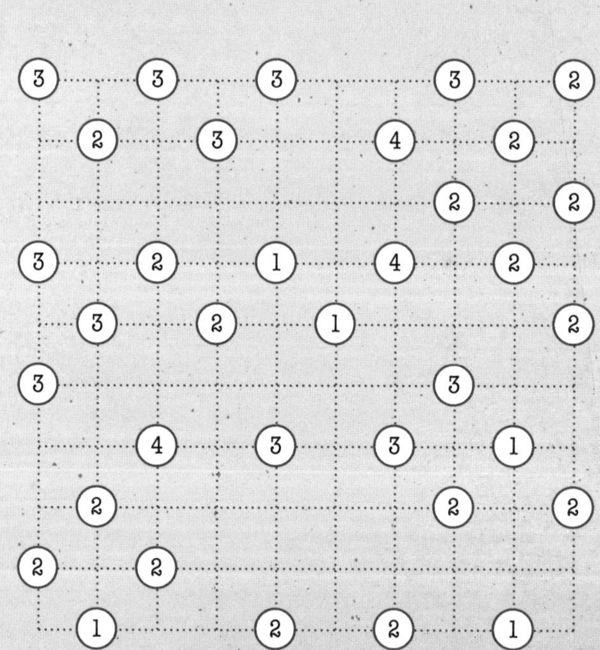

EL ELEMENTO EXTRAÑO

Resolución de problemas

Demuestra que tienes ojo clínico y detecta rápidamente el símbolo que no encaja con los demás.

Γ Δ ψ Θ ζ Ξ

λ Ω ⊇ Π β μ

Η Σ χ Ο δ τ

LIBROS BAJO LLAVE

Lógica

Un candidato para trabajar en una biblioteca de ciencias tiene que demostrar su capacidad de pensamiento lógico. Para ello, debe averiguar el código de acceso a una sala donde se encuentran unas primeras ediciones muy valiosas de libros científicos. ¿Podrías resolver el rompecabezas?

El código de acceso a la habitación tiene cuatro dígitos entre el 1 y el 9, ninguno de los cuales está repetido. Abajo se muestran algunos códigos incorrectos. El punto rojo indica que el número aparece en el código correcto, pero en distinta posición. El punto verde indica que el número aparece en la misma posición.

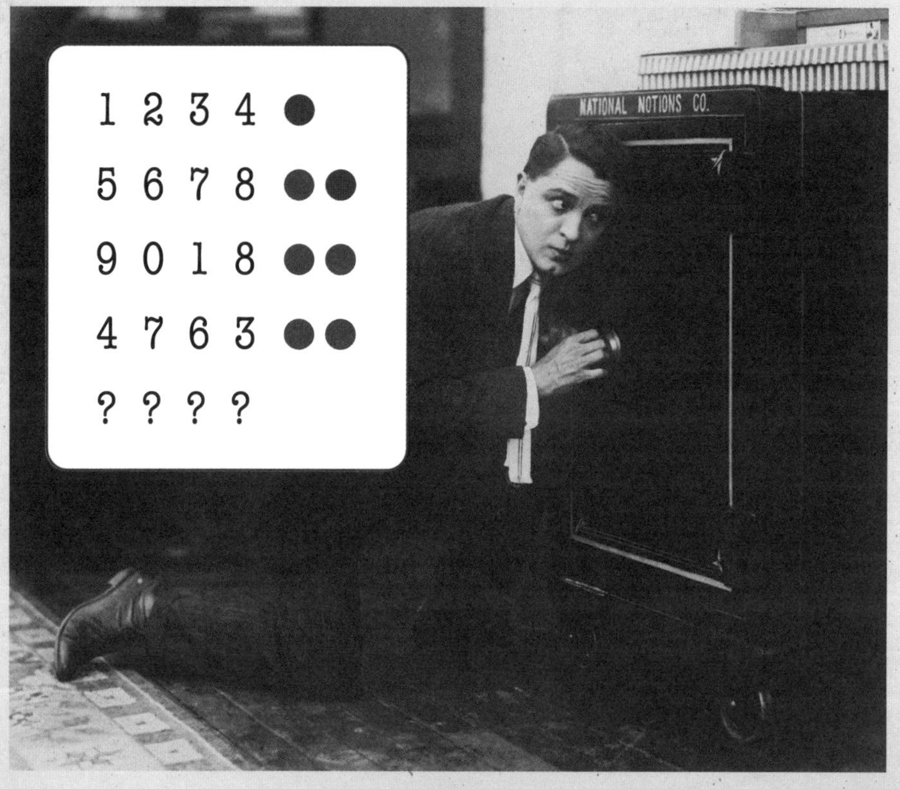

1 2 3 4 ●

5 6 7 8 ●●

9 0 1 8 ●●

4 7 6 3 ●●

? ? ? ?

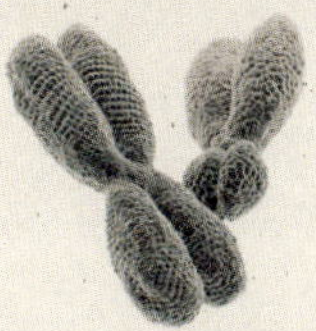

EL FACTOR X

Logic

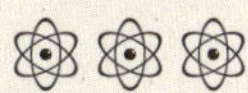

El cromosoma X es uno de los dos (X e Y) que determinan el sexo de una persona. ¿Podrías resolver este rompecabezas con una X de gran tamaño? Completa la cuadrícula con los números del 1 al 9 una sola vez en cada fila, cada columna y cada recuadro de 3x3 delimitado en negrita. Además, en cada una de las dos diagonales de la letra X deben aparecer los números del 1 al 9 una sola vez.

5						6		
	9			5	3			
		4			2			
9							2	
6								8
	3							5
			8			1		
			1	7			8	
		5						7

PARTÍCULA EXPLORADORA

Resolución de problemas

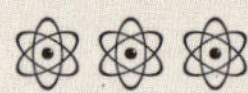

A partir de la información que se detalla a continuación, reconstruye el trayecto de una partícula que se desplaza a través de la cuadrícula. Pasa una vez por cada casilla, ya sea en horizontal, en vertical o en diagonal. Se han indicado dos de los 25 pasos para servirte de guía. Los números que rodean la cuadrícula indican en qué fila, columna o diagonal van. Por ejemplo, los números 7 y 22 aparecen en la diagonal que va de la esquina superior izquierda a la inferior derecha de la cuadrícula.

7	9	3	11	20	16	15
10				14		14
12						8
4						18
19	1					21
25						23
6	2	5	24	13	17	22

LOS OPUESTOS SE ATRAEN

Resolución de problemas

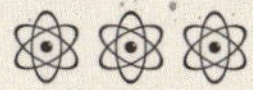

Cada par de cargas opuestas, numeradas de la 1+ y la 1- a la 10+ y la 10-, debe unirse en la cuadrícula, como se ha hecho con la 9+ y la l 9-. Las líneas que unen cada par siguen una trayectoria recta o giran en ángulo recto a través de las casillas sin cruzarse con otras líneas.

7+	8-		8+	5+	4+		3+
			7-				2+
6+	10-						
1-	2-	6-		5-			
				10+			
	1+		4-			3-	
9+ —	9+						

CAMINO DE LUZ

Lógica

Un científico ha observado distintos colores en el espectro visible de luz y ha creado un laberinto único con objetos de estos colores. ¿Podrías encontrar un trayecto que vaya de la parte superior izquierda a la inferior derecha con los mínimos movimientos posibles? Los movimientos pueden realizarse entre objetos que compartan la misma forma o el mismo color.

A CAVAR

Resolución de problemas

Un arqueólogo ha excavado un yacimiento y ha encontrado varias monedas de la antigua Roma. ¿Podrías localizar en la cuadrícula de abajo las casillas en las que están las monedas? El arqueólogo ha pasado por cada una de las casillas, aun cuando no hubieran monedas, para trazar un único circuito continuo. Las casillas con un número y una flecha son pistas que indican la cantidad de casillas en la dirección de la flecha donde hay monedas, que deberás señalar cuando las descubras. Las monedas no pueden estar en contacto en horizontal ni en vertical. Las casillas con las pistas no forman parte del circuito y en ellas no hay monedas. El camino trazado por el arqueólogo atraviesa las casillas en horizontal y en vertical y también puede girar en ángulo recto por dentro de ellas.

		2↓				
2↓						
			1↓			
						2↑

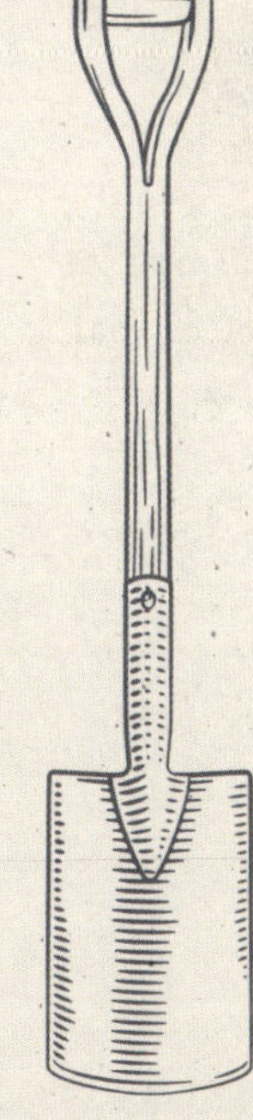

ENIGMA DE RECICLAJE

Matemáticas

Un científico muy concienciado con el cambio climático se horroriza cuando ve una montaña de pipetas de plástico tiradas en la papelera del laboratorio y decide hacer algo al respecto. Idea un ingenioso proceso de reciclaje que podría crear una nueva pipeta con cada 9 pipetas usadas. Si en la papelera del laboratorio hay 777 pipetas usadas, ¿cuántas nuevas pipetas podrían obtenerse con el invento del científico?

ENIGMA CROMÁTICO

Solución de problemas

Cuatro científicos están en un escenario a punto de presentar los avances de su último proyecto de investigación. ¿Podrías averiguar el color de la camisa que lleva cada uno a partir de las pistas siguientes?

La persona que va de naranja está al lado de la que va de morado.
La persona que va de rojo está al lado de la que va de verde.
La persona que va de verde está al lado de la que va de naranja.
Sally no lleva una camisa morada.

Sally

Magnus

Vikram

María

JUEGO DE DAMAS

Lógica

Dos científicos acaban de jugar una partida de damas y uno ha vencido claramente al otro. El perdedor ha creado este enigma para averiguar si su compañero es tan bueno con la lógica como con las damas. ¿Podrías resolverlo? Debes crear un único circuito continuo que no se cruce en ningún punto. El circuito atraviesa las casillas o gira en ángulo recto dentro de ellas, y no pasa necesariamente por todas. Cuando llega a una ficha blanca, la atraviesa y luego gira 90 grados en la casilla anterior y/o siguiente por la que pasa. Cuando el circuito llega a una ficha negra, gira 90 grados y sigue recto a través de las casillas anteriores y siguientes del trayecto.

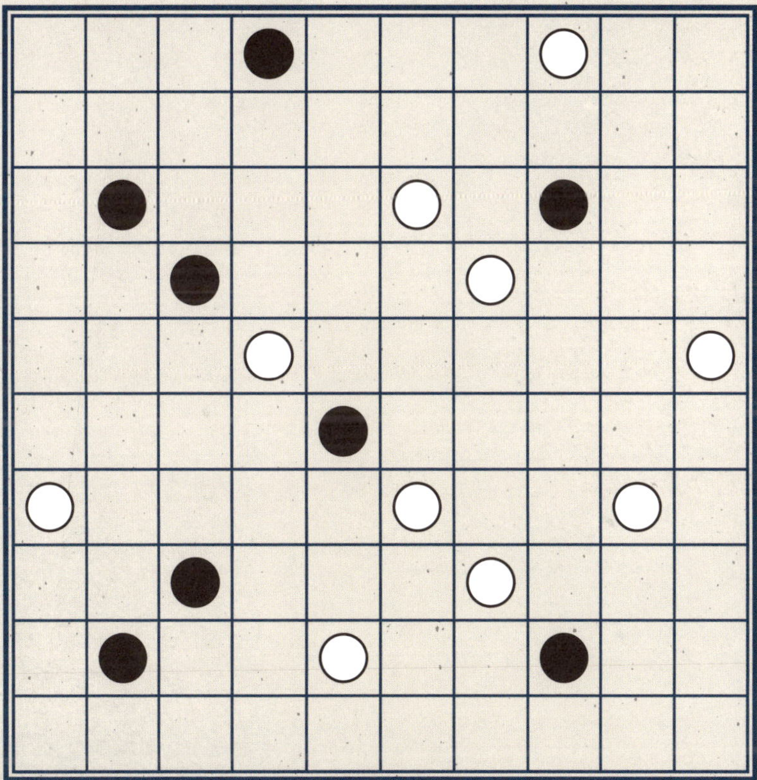

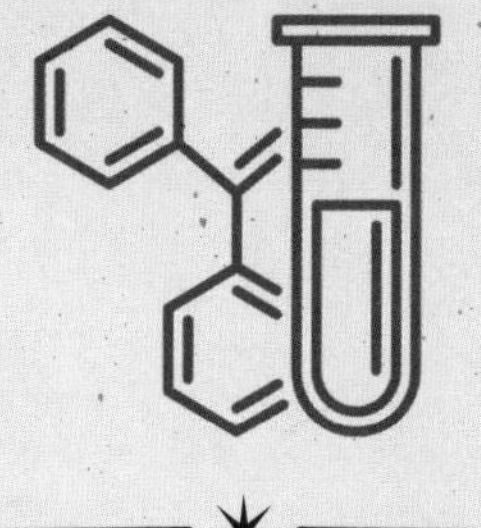

ENIGMA DE QUÍMICA

Resolución de problemas

¿Podrías dividir la cuadrícula de abajo en cuatro figuras iguales de seis casillas contiguas? Puede que tengas que darle la vuelta a alguna de ellas. Una vez la cuadrícula esté dividida correctamente, cada figura contendrá seis letras que forman el nombre de cuatro galardonados con el premio Nobel de Química.

		H	R	A	
W	E	A	R	M	
	R	D	S	A	
N	E	E	N	Y	
	R	J	O	L	I
		O		T	

EL ENIGMA CURIE

Resolución de problemas

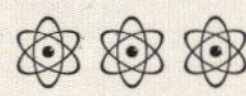

La célebre científica Marie Curie tenía una curiosidad insaciable y descubrió el radio y el polonio cuando investigaba el fenómeno de la radiactividad.

¿Podrías resolver este enigma tan curioso? Consiste en colocar cada letra del apellido CURIE una vez en cada fila y cada columna, sin que ninguna letra se repita en ninguna de las diagonales, sea cual sea su longitud.

				C
E				
R		U		

CÓDIGO INFORMÁTICO

Resolución de problemas

A partir de la información que aparece en la pantalla, ¿podrías averiguar el nombre de un reconocido científico?

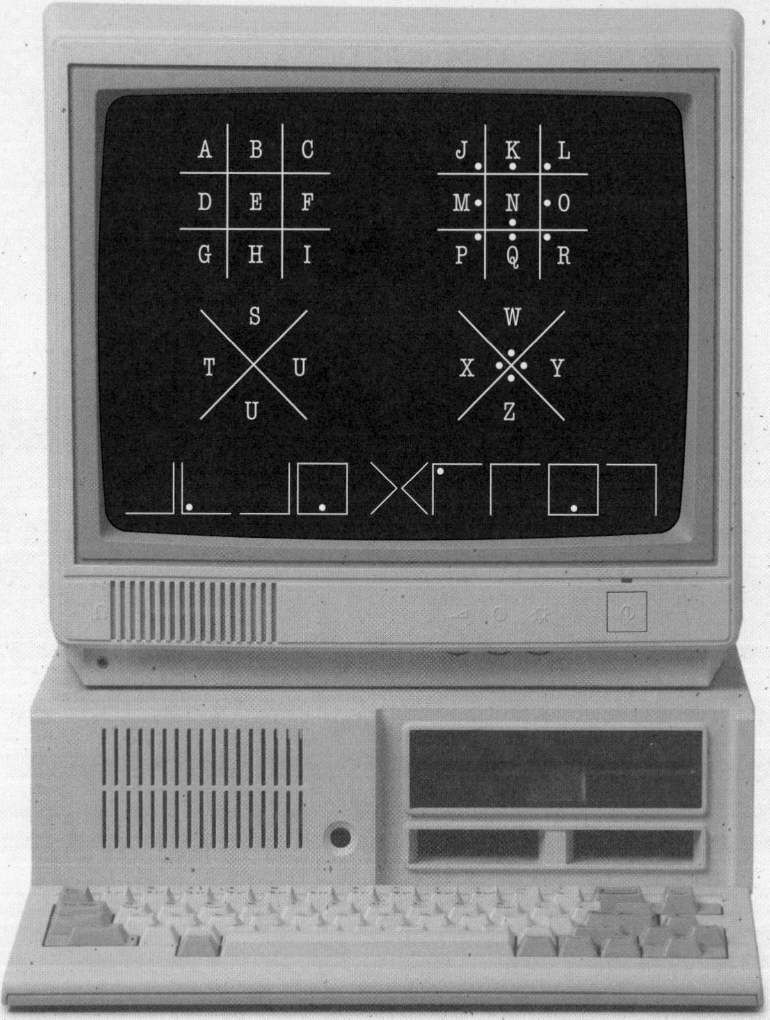

INVENTORES

Resolución de problemas

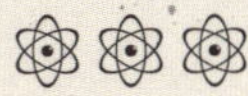

Los inventores se caracterizan por su mente curiosa y su creatividad. ¿Podrías encontrar el nombre de los inventores de la lista de la derecha en esta sopa de letras? Todos ellos aparecen de la manera habitual: en horizontal, en vertical, en diagonal, y al derecho o al revés. Sin embargo, uno lo hace de manera distinta. ¿Podrías averiguar de qué inventor se trata y cómo aparece su nombre? Tendrás que dar rienda suelta a la creatividad para descubrirlo.

T	P	R	I	E	S	T	L	E	Y
H	R	L	E	N	U	R	B	E	E
G	B	E	E	B	E	R	G	L	Y
I	V	S	V	N	A	A	T	T	E
R	S	O	N	I	B	H	T	T	S
W	E	E	L	B	T	M	A	I	D
T	J	L	A	T	E	H	W	H	R
R	E	B	Y	V	A	D	I	W	I
A	G	N	I	M	E	L	F	C	B
C	W	H	I	T	N	E	Y	R	K

BABBAGE
BESSEMER
BIRDSEYE
BRAILLE
BRUNEL
CARTWRIGHT
DAVY
FLEMING
HABER
JENNER
PRIESTLEY
TREVITHICK
VOLTA
WATT
WHITNEY
WHITTLE

ROMPECABEZAS ELEMENTAL

Resolución de problemas

En la cuadrícula aparecen los símbolos atómicos de los siete primeros elementos químicos (hidrógeno, helio, litio, berilio, boro, carbono y nitrógeno): H, He, Li, Be, B, C y N, respectivamente. ¿Podrías agrupar las casillas por pares de manera que la combinación de dos símbolos elementales aparezca una sola vez? Las combinaciones pueden incluir el mismo símbolo, lo que significa que hay 28 combinaciones posibles: H:H, H:He, H:Li, H:Be, H:B, H:C, H:N, y así sucesivamente. Anota las combinaciones que vayas haciendo en la cuadrícula de la derecha.

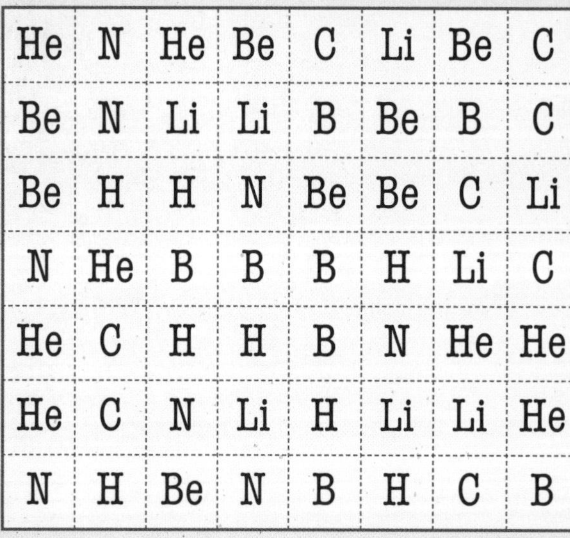

He	N	He	Be	C	Li	Be	C
Be	N	Li	Li	B	Be	B	C
Be	H	H	N	Be	Be	C	Li
N	He	B	B	B	H	Li	C
He	C	H	H	B	N	He	He
He	C	N	Li	H	Li	Li	He
N	H	Be	N	B	H	C	B

	H	He	Li	Be	B	C	N
N							
C							
B							
Be							
Li							
He							
H							

MALA HIERBA NUNCA MUERE

Resolución de problemas

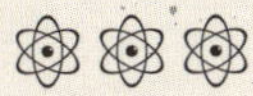

Un biólogo cuenta la cantidad de malas hierbas que hay en un terreno de 6 x 6 metros. Hay entre una y seis plantas en cada metro cuadrado. ¿Podrías averiguar los hallazgos del biólogo a partir de las pistas que se indican a continuación? Para hacerlo debes colocar los seis bloques numéricos de la derecha en la cuadrícula sin darles la vuelta.

En la primera fila aparecen tres números distintos.

En la tercera columna aparecen tres números distintos.

En la sexta columna aparecen cinco números distintos.

En la cuarta columna aparece dos veces el número 1.

En la tercera fila aparece dos veces el número 6.

En la quinta fila aparece dos veces el número 4.

6	1	2
1	6	3

1	5	1
3	2	3

1	2	6
4	6	5

5	2	4
6	1	3

1	4	5
2	6	3

6	4	3
5	3	2

LAS SOLUCIONES

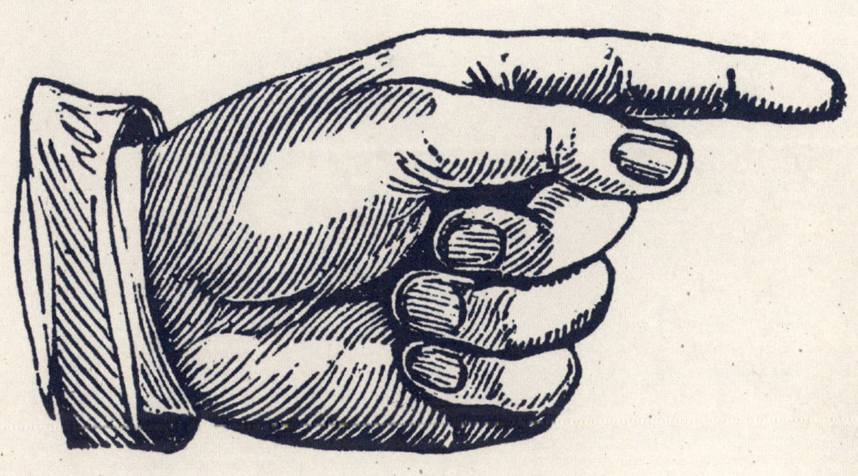

LAS SOLUCIONES

Página 8

Un viaje singular –

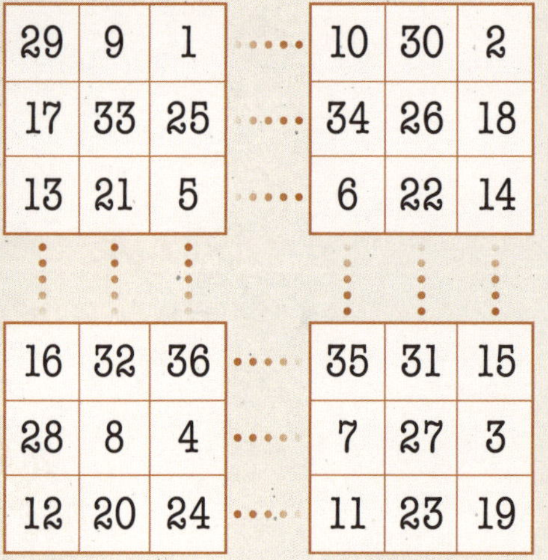

Página 10

Cartas inteligentes –

Página 9

Cálculo del espacio – La fórmula para calcular el área de un trapecio es la suma de las bases, dividido por dos y multiplicado por la altura. Por tanto, el laboratorio mide 80 m^2.

Página 11

A buen recaudo – 2395.

Página 12

Elsa –

	E		L	S			
	E	A	L	S			S
E			E	L	S	A	A
L		L		E	A	S	
L	L	E	S	A			A
	S		A		E	L	L
A	A	S			L	E	
			A	A	L	E	

Página 13

Imagen dividida –

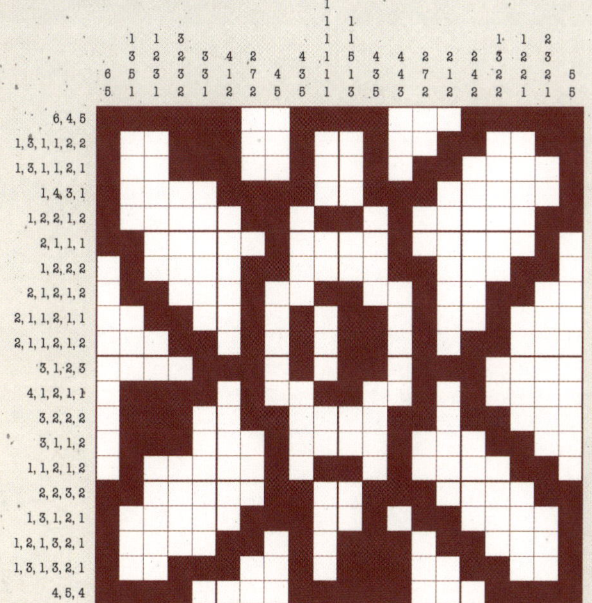

Página 15

Energía cinética –

La energía cinética es igual a la mitad de la masa del objeto multiplicada por el cuadrado de su velocidad. Por tanto, el resultado es 0,5 x 600 x 144 = 43 200 julios.

Instante de iluminación –

La fórmula para calcular el área del círculo es pi x r^2. La respuesta es 70650 cm^2 hasta el centímetro cuadrado más próximo.

Página 14

Bombas fuera –

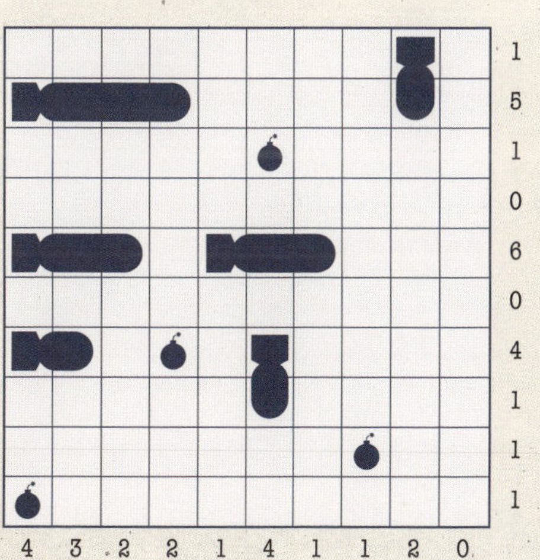

Página 16

El trazado de la vía –

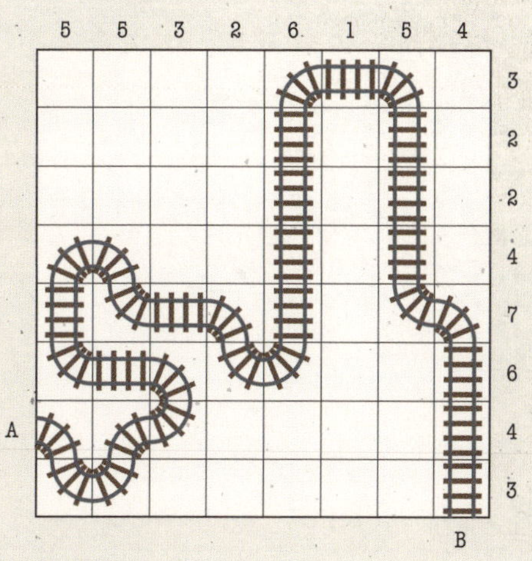

Página 17

Control de existencias –

Objeto	Científico 1	Científico 2	Científico 3
Vasos	26	20	15
Portaobjetos	10	30	20
Pipetas	11	8	13

Página 18

Lío de cartas –

Prueba – 1893.

Página 20

Equipo valioso –

Tubo de ensayo: 1
Microscopios: 9
Pipetas: 2
Mechero de Bunsen: 8

Página 19

Iluminación –

Página 21

Figuras moleculares –

Páginas 22-23

Lógica de laboratorio –

Apellido	Despacho	Especialidad	Instrumental
Becker	4	Cosmología	Balanza
Fischer	2	Óptica	Lámpara
Meyer	3	Acústica	Vaso de precipitados
Schmidt	1	Física molecular	Lentes
Wagner	5	Física nuclear	Imanes

Página 24

Puzle binario –

0	1	0	1	1	0	1	0	0	1
1	1	0	1	0	0	1	1	0	0
1	0	1	0	0	1	0	0	1	1
0	1	1	0	1	1	0	1	0	0
1	0	0	1	0	0	1	0	1	1
0	0	1	0	1	1	0	1	1	0
0	1	0	0	1	1	0	1	0	1
1	0	1	1	0	0	1	0	1	0
1	0	0	1	0	1	0	1	0	1
0	1	1	0	1	0	1	0	1	0

Página 25

Tira los dados –

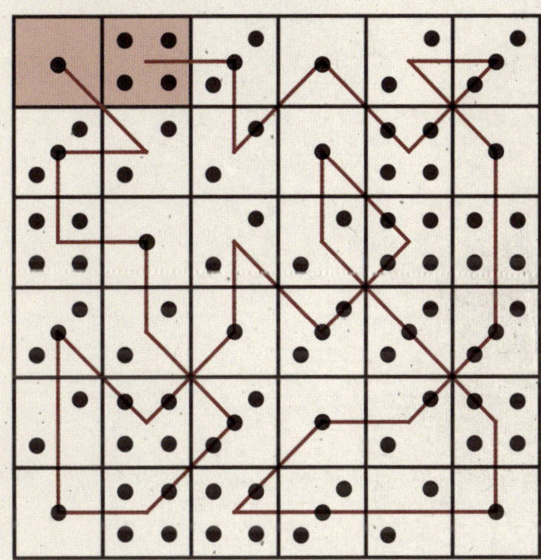

Página 26

Interacciones peculiares –

Cada una de las 150 partículas puede interactuar con las otras, lo que permite 150 x 149 interacciones. Sin embargo, la interacción de A con B es la misma que la de B con A, y así sucesivamente, con lo cual basta dividir el total por dos para averiguar la cantidad máxima de interacciones: 11175.

Problema periódico – Cada letra representa un elemento de la tabla periódica que debe sustituirse por su número atómico. Por tanto, H (hidrógeno, 1) + S (azufre, 16) = 17. La operación es carbono x nitrógeno x oxígeno x (potasio - fósforo) o, lo que es lo mismo, 6 x 7 x 8 x (19-15), que da 1344.

Página 27

Trabajo en curso –

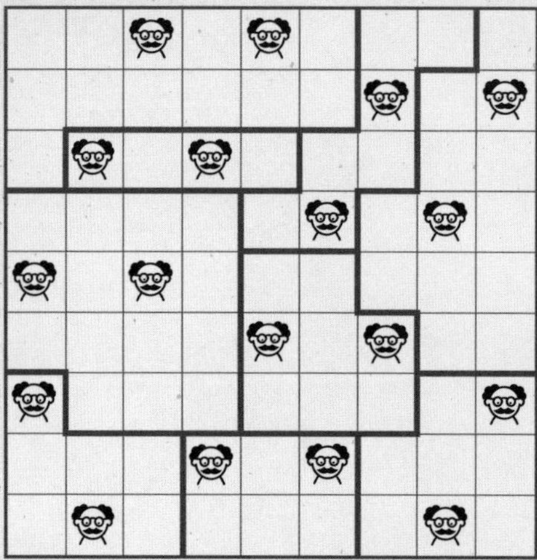

Página 28

Triangulación – 12.

Página 29

Sin carga –

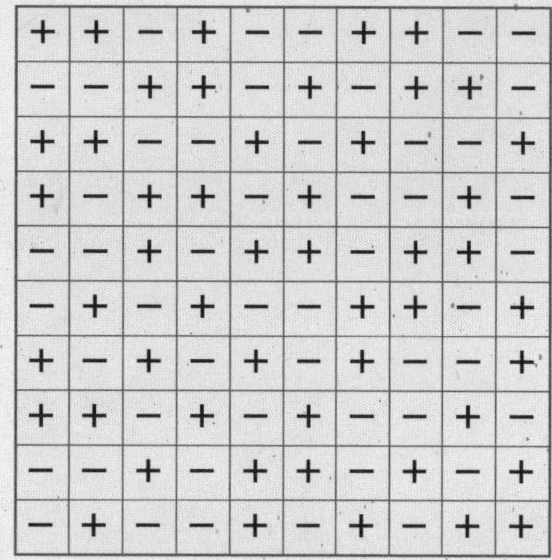

+	+	−	+	−	−	+	+	−	−
−	−	+	+	−	+	−	+	+	−
+	+	−	−	+	−	+	−	−	+
+	−	+	+	−	+	−	−	+	−
−	−	+	−	+	+	−	+	+	−
−	+	−	+	−	−	+	+	−	+
+	−	+	−	+	−	+	−	−	+
+	+	−	+	−	+	−	−	+	−
−	−	+	−	+	+	−	+	−	+
−	+	−	−	+	−	+	−	+	+

Página 30

Albert Square –

T	E	A	B	R	L
R	B	L	A	E	T
B	T	E	L	A	R
A	L	R	E	T	B
L	A	T	R	B	E
E	R	B	T	L	A

Página 31

Probetas – Sabiendo que las tres cajas están mal etiquetadas, la respuesta es solo una, siempre y cuando el científico elija una probeta de la caja etiquetada como «Sustancia tóxica y agua destilada». Si saca una probeta que contiene la sustancia tóxica, esta caja puede ser etiquetada de nuevo como «Sustancia tóxica». La caja etiquetada como «Agua destilada» puede rebautizarse como «Sustancia tóxica y agua destilada», y la caja etiquetada como «Sustancia tóxica» pasar a contener las probetas de agua destilada. Si, por el contrario, el científico elige la probeta que contiene agua destilada, la caja puede reetiquetarse como «Agua destilada» y, a su vez, la caja «Sustancia tóxica» pasar a llamarse «Sustancia tóxica y agua destilada». La caja original de «Agua destilada» se etiquetará correctamente como «Sustancia tóxica».

Página 32

La matriz –

Página 33

Servicio de habitaciones –

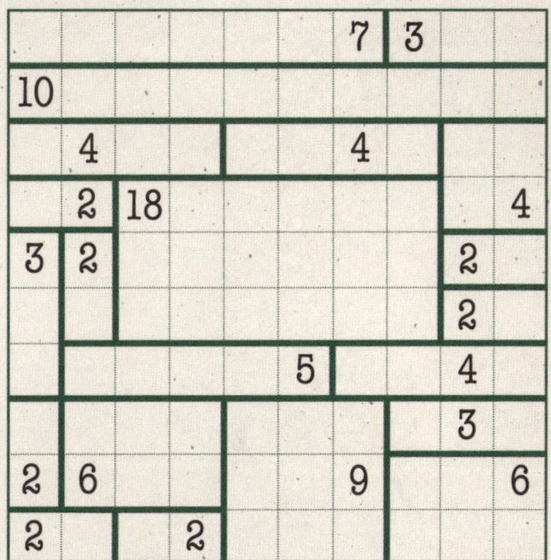

Página 34

Célebre revelación –

Página 35

Juego de números –

Son números elevados al cubo, en este caso de 1, 3, 5, 7 y 9. El siguiente número es 11^3, que da como resultado 1331.

Página 36

Piezas del rompecabezas –

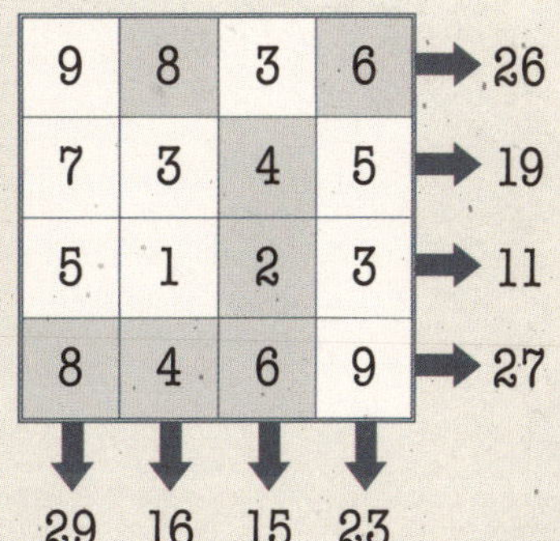

Página 37

Nombre en clave – Los símbolos de los cuatro elementos son P, Au, Li y Ne, respectivamente. Pauline es también el nombre de la madre de Einstein.

Eficacia probada – 20. ¡Es muy tentador responder 400!

Página 38

Cielo estrellado –

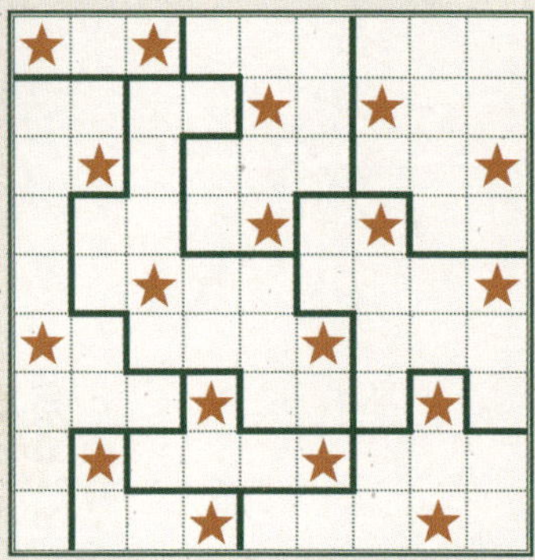

Página 39

División del átomo – El año oculto es 1932, cuando se consiguió dividir el átomo.

9	7	1	3	8	2	4	6	5						
6	2	3	7	5	4	8	9	1						
4	8	5	6	9	1	7	3	2						
7	3	4	9	1	8	5	2	6						
2	5	9	4	3	6	1	7	8						
8	1	6	2	7	5	9	4	3						
1	4	7	8	2	3	6	5	B 9	4	7	8	1	3	2
3	6	8	5	4	9	D 2	A 1	7	3	6	5	8	4	9
5	9	2	1	6	7	C 3	8	4	9	1	2	5	7	6
						8	7	3	1	2	9	4	6	5
						9	4	5	6	3	7	2	8	1
						1	2	6	8	5	4	7	9	3
						5	3	8	7	9	1	6	2	4
						7	9	1	2	4	6	3	5	8
						4	6	2	5	8	3	9	1	7

Página 40

Masa de los cuarks – Del más ligero al más pesado: arriba, abajo, extraño, encanto, fondo y cima.

Página 41

El tren del pensamiento – Tiempo = Distancia / Velocidad, es decir, 125 / 100 = 1'25 horas, o 75 minutos. Por tanto, el tren llegará a las 12:50 h.

Página 42

Alta puntuación

– El mayor resultado posible sin que haya dos casillas en la misma diagonal es 62.

7	6	7	4	3	2	6	8
1	8	6	5	7	6	3	2
7	8	6	7	5	4	6	5
7	8	3	1	4	7	1	6
4	5	8	6	6	5	2	5
8	7	7	6	5	4	1	6
5	6	6	5	7	3	2	8
7	6	2	6	4	5	8	6

Página 43

Electrón viajero –

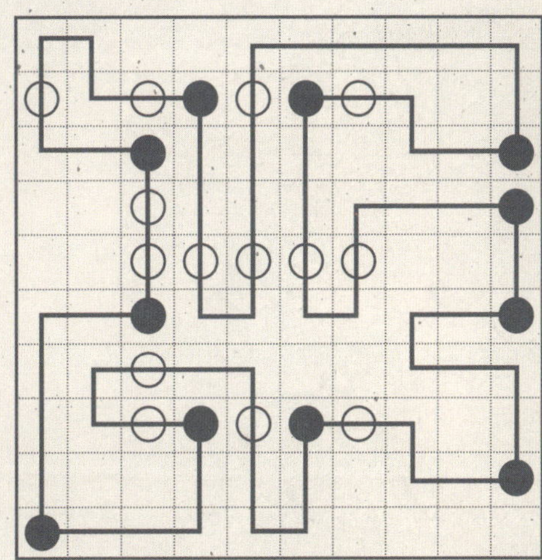

Página 44

Rayo láser –

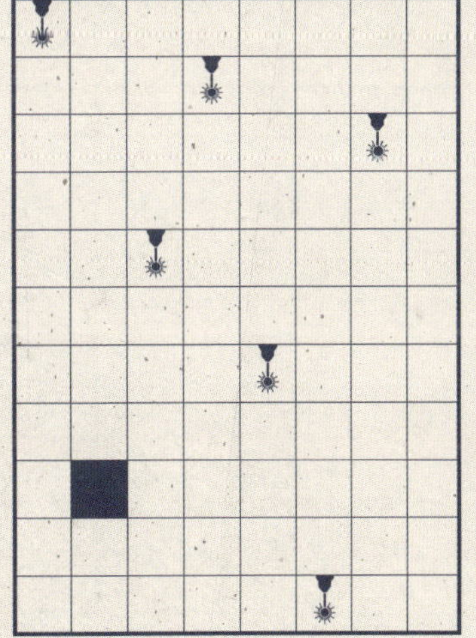

Página 46

Movimiento browniano –

93	94	95	82	81	79	78	53	51	50
92	99	97	96	83	80	77	54	52	49
91	100	98	88	86	84	76	55	48	37
70	90	89	87	85	75	56	47	38	36
69	71	72	73	74	57	46	39	35	1
63	68	67	66	58	45	40	34	12	2
62	64	65	59	44	41	33	13	11	3
27	61	60	43	42	32	19	14	10	4
26	28	29	30	31	20	18	15	9	5
25	24	23	22	21	17	16	8	7	6

Página 47

Circuito eléctrico –

Página 48

Prueba de mates – Convierte 202 en 20^2 para obtener la operación $200 \times 20^2 = 80\,000$

Masa molecular – 9 muones, 4 kaones y 6 piones.

Página 49

Un rayo de sol –

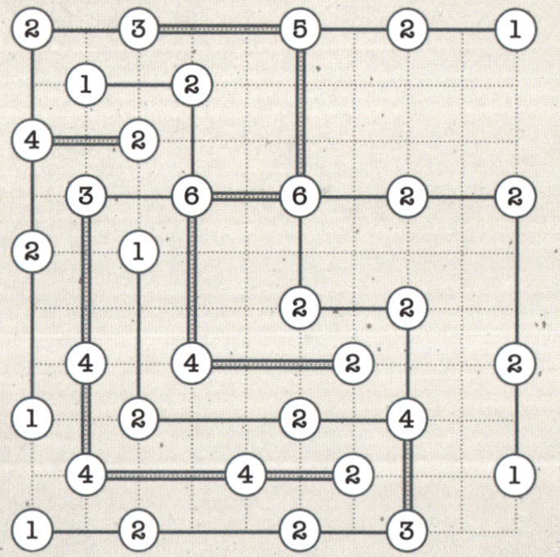

Página 50

Cuadrados de muestreo –

Página 51

Saca cuentas – El año oculto es 1879, el año del nacimiento de Einstein.

2	×	5	×	6	60
+		×		−	
B 8	×	C 7	×	D 9	504
−		+		−	
A 1	−	4	+	3	0
9		39		-6	

Página 52

Cámara de niebla –

Página 53

Simetrías de la naturaleza –

18	12	23	17
16	25	10	19
15	22	13	20
21	11	24	14

Página 54

Las unidades correctas –

Amperio: Corriente eléctrica
Candela: Intensidad de la luz
Faradio: Capacidad eléctrica
Mol: Cantidad de sustancia
Ohmio: Resistencia
Culombio: Carga eléctrica

Página 56

División celular –

Página 57

Presta atención en clase – 325.

Página 59

El bucle infinito –

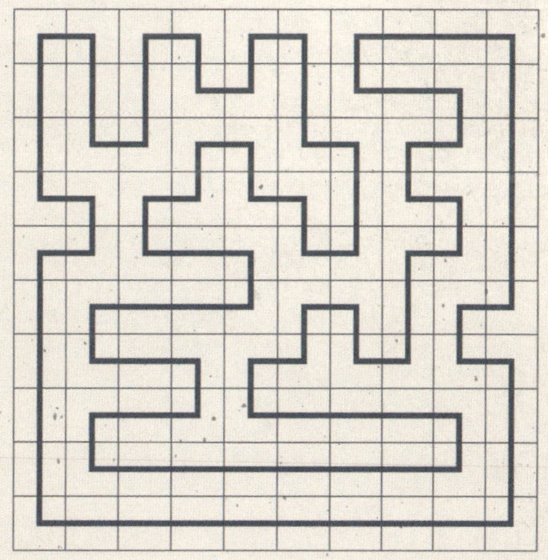

Página 60

Sudoku Eureka –

7	1	4	5	2	3	8	6
2	8	6	3	4	1	7	5
8	4	5	6	3	7	2	1
3	2	1	7	5	6	4	8
6	5	7	2	8	4	1	3
1	3	8	4	6	2	5	7
5	6	2	1	7	8	3	4
4	7	3	8	1	5	6	2

Página 61

Enigma nuclear –

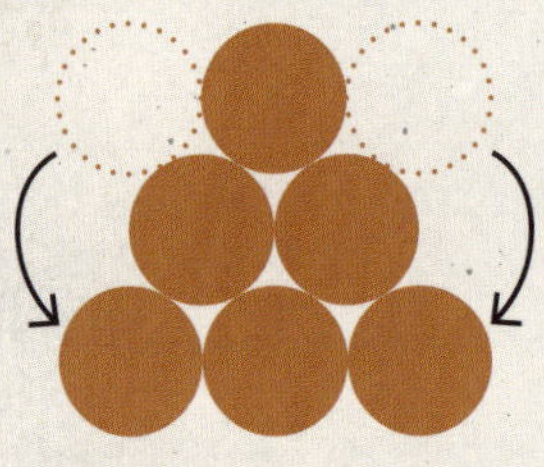

En tu bicicleta – El que va en coche esperará 1 hora, 52 minutos y 55 segundos.

Páginas 62-63

Bajo el microscopio –

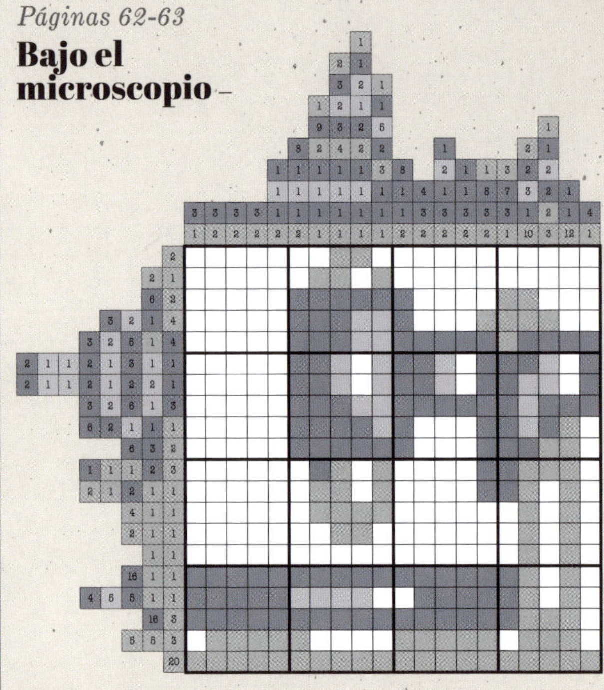

Página 64

Pensamiento circular –

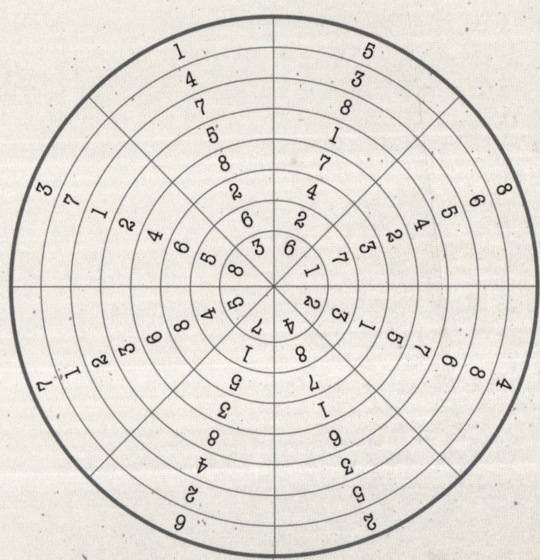

Página 65

Copos de nieve –

Páginas 66-67

Superposición –

2	1	2	1	2	1	3	2	1	2
2	1	2	1	2	2	1	1	3	1
1	2	2	3	1	3	1	3	3	1
3	3	1	3	1	3	3	2	2	2
1	3	2	1	2	3	3	3	2	2
2	1	2	1	3	2	2	2	3	2
2	1	1	3	3	1	2	1	1	3
2	1	1	3	3	1	1	1	1	3
2	3	1	3	2	2	3	3	1	2
2	2	1	3	2	3	2	3	3	3

Página 68

Descifra el código –

En las páginas numeradas aparecen las letras H, F, He y H, respectivamente. Corresponden a los elementos 1, 9, 2 y 1. En el año 1921, Einstein fue galardonado con el Nobel de Física.

Página 69

Ensayo y error –

7	4	1	9	6	8	3	5	2
5	2	3	1	7	4	8	6	9
8	9	6	2	5	3	1	4	7
9	5	2	7	8	6	4	1	3
3	6	7	4	1	9	2	8	5
4	1	8	3	2	5	7	9	6
1	7	9	6	4	2	5	3	8
2	3	5	8	9	1	6	7	4
6	8	4	5	3	7	9	2	1

Página 70

Examen de química –

1. Agua
2. Ácido clorhídrico
3. Etanol
4. Ácido sulfúrico
5. Cloroformo
6. Benzeno

Página 71

Dale al interruptor –

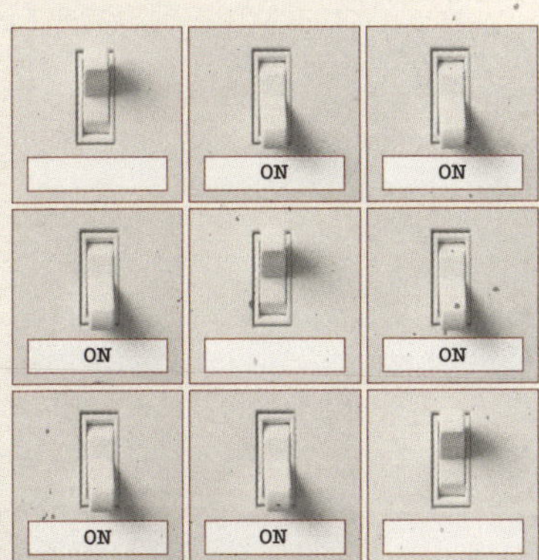

Página 72

Imagen especular –

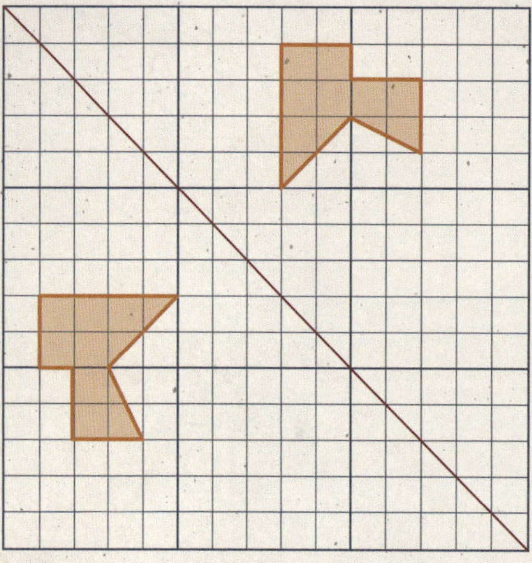

Página 73

Haz cálculos – Los resultados de las operaciones son: 459; 3364; 1950; 2048; 702; 249; 9120; 646; 720, y 2583.

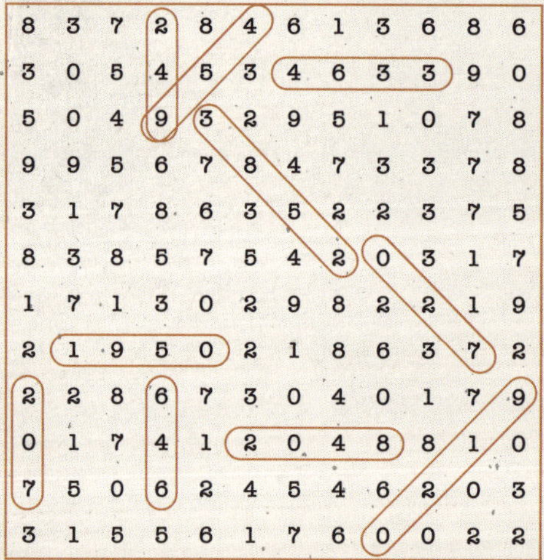

Página 74

Código morse – En la tabla de código morse, un cuadrado negro equivale a una raya, y un cuadrado blanco, a un punto. Una vez hechas las conversiones, las letras de la tabla corresponden a LIESERL, que es el nombre de la hija de Einstein.

Página 75

¿Qué te apuestas? – Hicieron 14 experimentos. Como sabemos que Ann ganó 5 apuestas, recibió 25 dólares de Bob. Y, como sabemos que Bob terminó con 20 dólares más de los que tenía antes, debió de ganar nueve apuestas: cinco para recuperar los 25 dólares entregados a Ann y otras cuatro para acabar con 20 dólares más de los que tenía al principio.

Premios Nobel – 2992 días: seis años de 365 días y dos años bisiestos.

Página 76

Calcetines al vuelo – La probabilidad es de dos entre tres. Sabemos que el científico no ha elegido la bolsa con los calcetines morados, lo que significa que, o bien ha escogido la bolsa con los calcetines verdes, o bien la de los desparejados. Si era la de los dos verdes y ya ha cogido uno, el otro también será verde. Si, en cambio, ha escogido la bolsa de los desparejados, el otro será morado. Por tanto, en dos de los tres planteamientos, el segundo calcetín también será verde, con lo que la probabilidad de coger un par del mismo color es de dos entre tres.

Página 77

Cristal –

	C	A	A	A	B	
	C		A		B	B
	B	A	C			C
		C	B	A		A
B		B		C	A	A
A	A			B	C	
		B	B		C	

Páginas 80-81

La red neuronal –

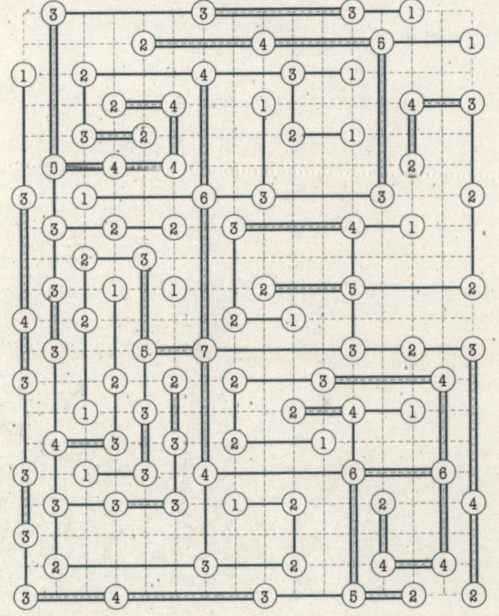

Página 82

Enigma de colisión – Se han producido 20 colisiones por vuelta de media.

Páginas 78-79

La fuerza de gravedad –

7	4	6	1	9	5	8	2	3
9	3	1	6	8	2	7	5	4
8	2	5	4	3	7	9	1	6
3	6	9	5	7	8	2	4	1
2	8	4	9	6	1	5	3	7
5	1	7	2	4	3	6	9	8
4	5	3	8	2	6	1	7	9
6	9	2	7	1	4	3	8	5
1	7	8	3	5	9	4	6	2

Página 83

La sucesión de Fibonacci –

El siguiente número de la sucesión de Fibonacci se obtiene sumando los dos números anteriores. Por tanto, el último número que aparece tiene que ser 144 (55 + 89), no 154.

Página 84

Volumen – La fórmula para calcular el volumen de un cilindro es h x pi x r^2. Por tanto, el resultado es 1570 cm^3.

De dos en dos –

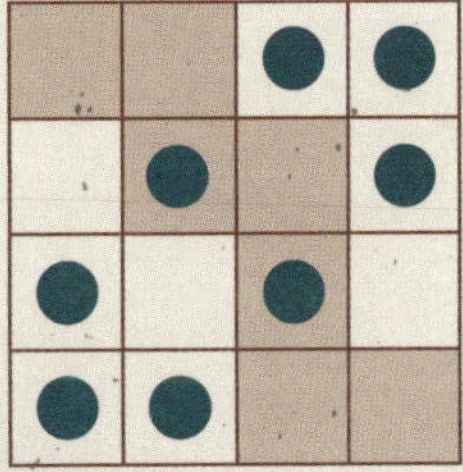

Página 85

Positivo y negativo –

5	1	2	3	8	6	7	9	4
8	6	9	7	4	2	3	1	5
3	4	7	1	5	9	8	6	2
7	2	6	5	3	8	1	4	9
4	9	5	6	1	7	2	3	8
1	8	3	9	2	4	6	5	7
9	3	1	2	7	5	4	8	6
2	5	8	4	6	3	9	7	1
6	7	4	8	9	1	5	2	3

Página 86

Haciendo olas –

Página 87

Secuencia simbólica – La respuesta es B, que es la figura de 13 lados. La cantidad de lados aumenta de dos en dos, empezando por la forma de tres lados.

Un problema de peso – Para empezar, el científico debería dividir las nueve probetas en grupos de tres. Después, tendría que poner un grupo a un lado de la balanza y otro al otro lado. Si uno de los lados de la balanza se inclina, el científico sabrá en cuál de los dos grupos está la probeta que pesa más. Pero, si los dos lados se mantienen en equilibrio, ambos grupos pesarán lo mismo. Después, debe poner dos de las probetas del grupo que pesa más a cada lado de la balanza. Si la balanza se inclina, el resultado estará claro. Si, por el contrario, se mantiene en equilibrio, la probeta más pesada será la que no se ha puesto en la balanza.

Páginas 88-89

Ensayo de laboratorio –

Nombre	Despacho	Sustancia química	Instrumental
Hoffman	4	Hidróxido de sodio	Quemador de Bunsen
Richter	2	Yodo	Termómetro
Schneider	1	Ácido nítrico	Probetas
Schulz	5	Peróxido de hidrógeno	Pinzas
Weber	3	Acetona	Pipeta

Página 90

Ciencia inexpugnable –

2→	X	1↙	1→	2↓
3↘	3↘	2↙	1↓	2←
1→	1↖	2←	2↖	1↖
3↗	2→	1↙	1→	2↑
4↑	1↑	2↑	1↖	2←

Página 91

Líneas de números –

1	9	7	5	2	3	4	8	6
8	3	6	7	4	1	9	2	5
2	5	4	9	8	6	1	7	3
4	1	3	6	9	2	8	5	7
5	8	2	3	1	7	6	9	4
6	7	9	8	5	4	2	3	1
3	4	1	2	7	8	5	6	9
7	2	5	1	6	9	3	4	8
9	6	8	4	3	5	7	1	2

Página 92

El principio de exclusión de Pauli –

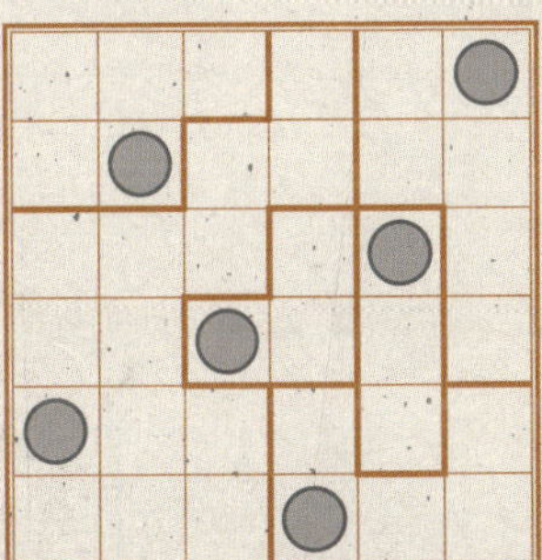

Página 94

Números triangulares –

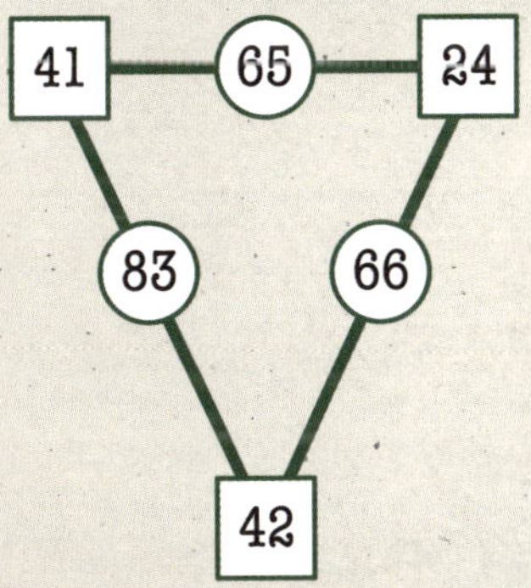

Página 93

Código científico –

A) Einstein
B) Newton
C) Curie
D) Edison
E) Heisenberg
F) Darwin
G) Nobel
H) Tesla
I) Rutherford
J) Fleming

Página 95

Reconocimiento de patrones

– Para obtener los números de dos cifras de las dos columnas centrales, hay que multiplicar el primer número de cada fila por el último: 8 x 2 = 16; 9 x 3 = 27; 4 x 6 = 24; 5 x 7 = 35, y 6 x 5 = 30. Así, el interrogante corresponde al número 3.

Página 96

El pez de Einstein –

	Casa 1	Casa 2	Casa 3	Casa 4	Casa 5
Color de la casa	Amarillo	Azul	Rojo	Verde	Blanco
Habitante	Noruego	Danés	Británico	Alemán	Sueco
Mascota	Gatos	Caballos	Pájaros	Pez	Perros
Bebida	Agua	Té	Leche	Café	Cerveza
Cigarrillos	Dunhill	Blend	Pall Mall	Prince	Blue Master

Página 97

Descomposición molecular –

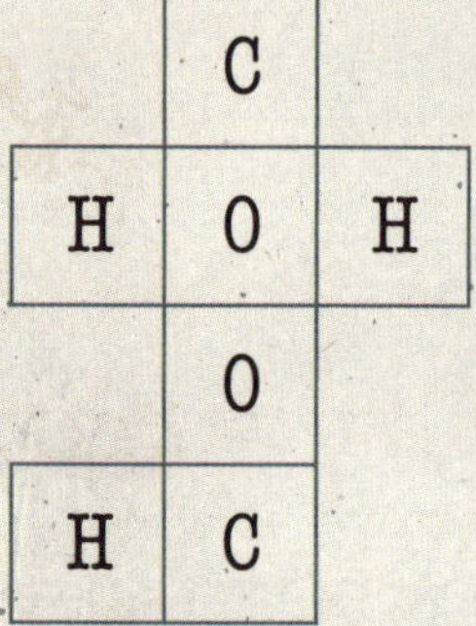

Página 98

Caminos químicos –

3	H	2	O	N	H	3
O	O	S	N	Z	2	H
2	4	N	A	H	O	F
E	F	3	O	C	C	O
A	C	L	C	2	H	A
N	H	2	H	O	5	C
4	O	S	S	I	O	2

Página 99

Rompecabezas de ajedrez –

22	35	4	71	24	33	6	51	26	31
3	72	23	34	5	70	25	32	7	50
36	21	76	69	78	65	52	67	30	27
73	2	79	64	75	68	87	28	49	8
20	37	74	77	88	83	66	53	86	29
1	80	63	82	61	92	85	94	9	48
38	19	60	89	84	95	54	91	44	99
59	16	81	62	55	90	93	100	47	10
18	39	14	57	96	41	12	45	98	43
15	58	17	40	13	56	97	42	11	46

Página 100

Cometa decagonal – En un polígono, la suma de los ángulos internos se obtiene con la fórmula siguiente: (número de lados - 2) x 180. Por tanto, en este caso sería (10 - 2) x 180 = 1440°.

Página 101

Teoría de grupo –

8	1	7	6	2	4	3	5	9
4	9	2	3	5	7	1	6	8
5	6	3	1	8	9	2	4	7
2	8	1	4	3	5	7	9	6
7	4	9	8	1	6	5	3	2
3	5	6	7	9	2	8	1	4
6	7	5	2	4	3	9	8	1
9	2	8	5	6	1	4	7	3
1	3	4	9	7	8	6	2	5

Página 102

Solución cristalina –

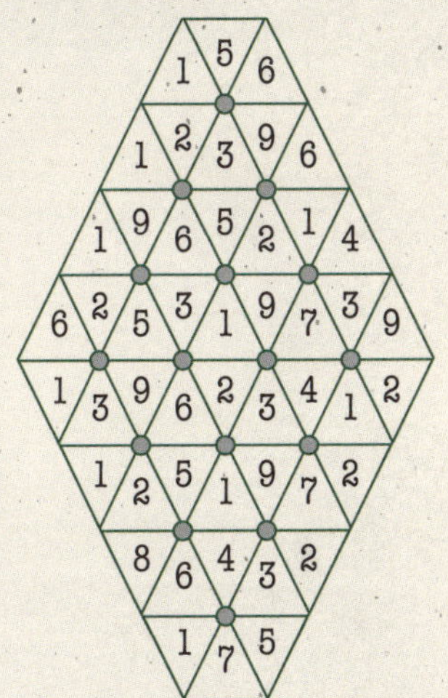

Página 103

Desafío cúbico –

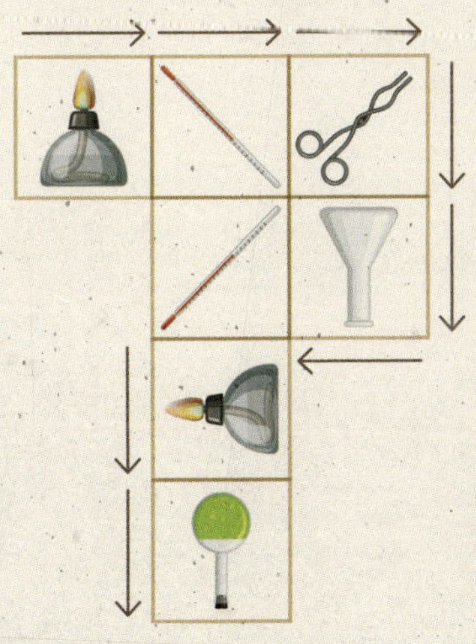

Página 104

Conjuntos de números –

1	3	2	3	2	4	2
2	4	1	4	1	3	1
1	5	3	5	2	4	2
3	4	1	4	1	5	1
1	2	3	2	3	2	4
3	4	1	5	1	5	3
1	2	3	2	3	2	4

Página 105

Números E –

	38	42	7	13	17	4
23	3	4	2	5	8	1
38	6	7	5	8	9	3
6	1	5	7	9	3	12
26	9	6	2	3	1	5
37	8	9	5	6	2	7
3	2	1	12	3	8	13
21	4	2	3	1	5	6
34	5	8	9	2	3	7

Página 106

Cuatro elementos –

4	3	4	2	1	2	3	1
3	4	3	1	2	1	4	2
1	2	1	4	3	4	2	3
2	1	2	3	4	3	1	4
3	4	1	2	1	4	2	3
2	1	4	3	2	1	3	4
1	3	2	4	3	2	4	1
4	2	3	1	4	3	1	2

Página 107

Manos seguras – El científico tendrá que sacar 27 guantes más para estar seguro de que tiene dos guantes pequeños. Si tuviera muy mala suerte, podría sacar los 12 medianos y los 14 grandes antes de dar con uno pequeño. Por tanto, necesitaría 12 + 14 + 1 guantes más antes de estar seguro de tener al menos dos guantes pequeños.

Trabajo en parejas –

66 (11 + 10 + 9... +1).

Página 108

Ha nacido un genio –

1	4	7	2	6	8	3	5	9
3	6	5	1	9	4	2	7	8
9	8	2	7	3	5	1	6	4
6	7	8	5	1	9	4	3	2
2	5	1	4	8	3	6	9	7
4	9	3	6	2	7	5	8	1
8	1	9	3	4	6	7	2	5
5	2	6	8	7	1	9	4	3
7	3	4	9	5	2	8	1	6

Página 109

Número equivocado – De hecho, no se trata de un número de teléfono, sino de un código que, cuando se lee en el disco de marcar del teléfono, revela MARIE CURIE. Por ejemplo: 6 = la primera letra que aparece encima del 6, que es la M; 77 = la segunda letra que aparece encima del 7, que es la R, o 222 = la tercera letra que aparece encima del 2, que es la C.

Páginas 110-113

Hexágonos y Pelillos a la mar – Las respuestas de estos rompecabezas endiabladamente difíciles están en las páginas selladas del final del libro.

Página 114

Secuencia del ADN –

Página 115

Grandes científicos –

6	3	5	1	2	4
1	2	4	3	6	5
3	4	6	5	1	2
2	5	1	6	4	3
5	6	2	4	3	1
4	1	3	2	5	6

Página 116

Goteo de nombres –

T	L	H	B	Y
O	W	A	F	E
	N	C	R	I
	K	U	M	D

Página 117

¿Siguiente? – El 22. Hay dos secuencias entrelazadas. La primera va restando tres números (21, 18, 15, 12, 9) y la segunda va sumando tres a partir del 10.

Eclipse solar – La distancia total son 100 kilómetros, de modo que ha recorrido 62,5 kilómetros hasta ahora.

Página 118

Siga la flecha –

6	5	7	8	4	3	2	9	1
2	4	9	1	5	6	7	3	8
1	8	3	7	2	9	4	6	5
4	7	6	9	8	5	1	2	3
8	2	5	3	1	7	9	4	6
9	3	1	2	6	4	8	5	7
7	6	2	4	3	8	5	1	9
3	9	4	5	7	1	6	8	2
5	1	8	6	9	2	3	7	4

Página 119

El enigma de Schrödinger – Los nombres de los físicos conocidos son Faraday, Feynman y Maxwell.

Página 120

Rompecabezas innovador – El inventor es Alexander Graham Bell.

G	W	A	Y	T	A	0	1	V
E	3	C	2	0	1	M	N	L
E	4	X	I	2	T	A	K	1
N	5	D	E	R	P	0	2	T
G	3	3	4	R	2	3	R	F
E	E	0	A	0	K	H	A	M
A	B	D	C	B	G	2	3	2
L	1	1	H	2	2	1	T	1
S	E	1	Q	L	Q	U	L	1

Página 121

Termómetros –

3	6	5	1	7	8	4	2	9
1	8	2	9	5	4	7	6	3
9	4	7	3	6	2	1	8	5
2	1	8	7	3	6	9	5	4
7	9	4	8	1	5	2	3	6
6	5	3	2	4	9	8	7	1
4	3	9	5	8	7	6	1	2
8	2	1	6	9	3	5	4	7
5	7	6	4	2	1	3	9	8

Página 122

Encajado – Al principio había 125 cajas (5 x 5 x 5). Por tanto, quedan 33. Esto significa que, hasta la fecha, se han utilizado 92 x 12 = 1104 pares de gafas.

Página 123

Sopa de letras Nobel –

B	E	E	L	S	O	L	A	K	R
C	C	H	T	N	N	P	N	C	A
A	Q	C	Z	E	L	Z	T	R	Y
R	U	I	M	R	O	K	H	E	L
I	E	L	F	W	I	C	G	I	E
D	R	E	E	D	A	H	H	T	H
N	C	R	R	M	R	C	S	M	O
R	O	A	W	I	E	N	O	E	P
O	N	M	I	G	N	J	O	S	H
B	I	I	L	U	A	P	N	O	S

Páginas 124-125

Aguza el ingenio –

Nombre	Edad	CI	Especialidad
Isaac	32	152	Bioquímica
Benjamin	27	153	Nanotecnología
Ada	48	151	Fotónica
Emmy	64	150	Computación cuántica
Edwin	59	154	Física de partículas

Página 126

Clones –

8	2	6	1	4	9	3	5	7
9	7	4	2	3	5	6	8	1
1	3	5	7	6	8	4	9	2
2	6	8	3	5	7	9	1	4
7	4	9	6	8	1	5	2	3
5	1	3	4	9	2	8	7	6
3	5	7	8	1	6	2	4	9
6	8	1	9	2	4	7	3	5
4	9	2	5	7	3	1	6	8

Página 127

Tabla periódica –

Ti	Mn	Al	Ar	He	N	Li
Sc	Ti	Sc	H	He	Be	Be
Ca	V	Ca	Ar	Li	B	V
K	Cr	K	Cl	C	N	C
S	Mn	P	S	Ne	O	O
F	Si	Al	Mg	Na	F	Mg
Si	Cr	P	Cl	Na	B	Ne

Página 128

Feria de ciencia –

1. Microscopio
2. Telescopio
3. Termómetro
4. Televisor
5. Microondas
6. Teléfono
7. Cámara
8. Batería

Página 129

Sigue la secuencia – La siguiente es la A. La secuencia está formada por unos símbolos marrones, seguidos de los mismos símbolos en negro y, por último, la imagen especular de estos últimos.

Páginas 130-131

¿Qué es la antimateria? –

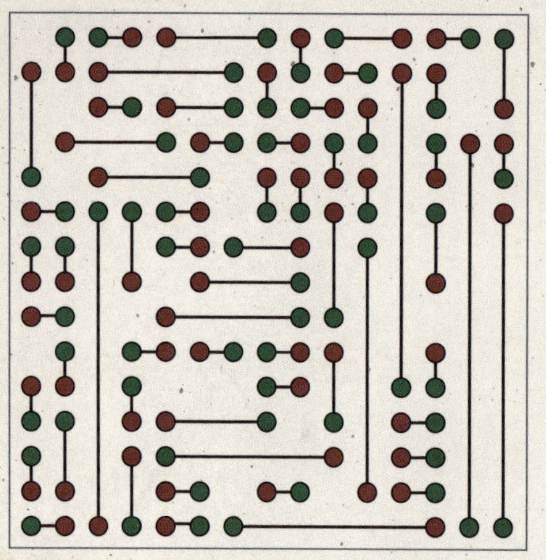

Página 132

Problema clave – La tecla Z es la que no encaja. Todas las letras destacadas del teclado se corresponden con el símbolo de un elemento químico (por ejemplo, H = hidrógeno). Además, incluyen su número atómico. La excepción es la Z, ya que el símbolo del zinc (elemento 30) no es una sola letra, sino Zn.

Página 133

Momento bombilla –

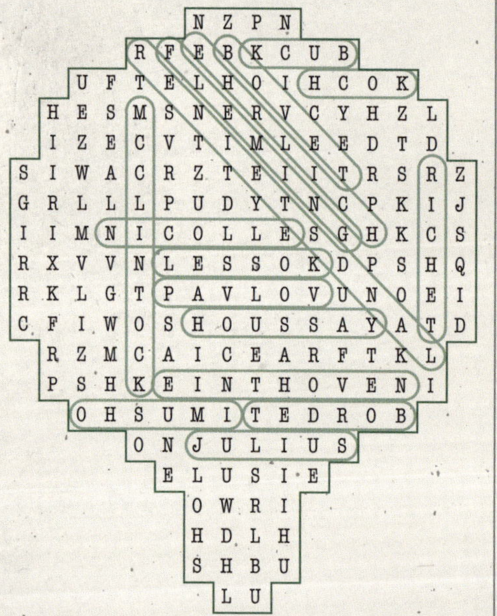

Página 134

Sudoku asesino sin jaulas –

6	8	3	2	5	9	1	4	7
4	1	5	8	7	3	6	2	9
9	2	7	6	4	1	5	8	3
1	3	2	9	6	7	8	5	4
7	4	6	3	8	5	9	1	2
8	5	9	4	1	2	3	7	6
2	6	1	7	3	8	4	9	5
5	9	4	1	2	6	7	3	8
3	7	8	5	9	4	2	6	1

Página 135

Muchas lunas –

1. Verde
2. Marrón
3. Morada
4. Amarilla
5. Roja
6. Azul

Páginas 136-137

Científicos a la mesa –

1. Espaguetis
2. Pizza
3. Lasaña
4. Tallarines
5. Calzone
6. Ñoquis
7. Raviolis

Página 138

Hormiga inquieta –

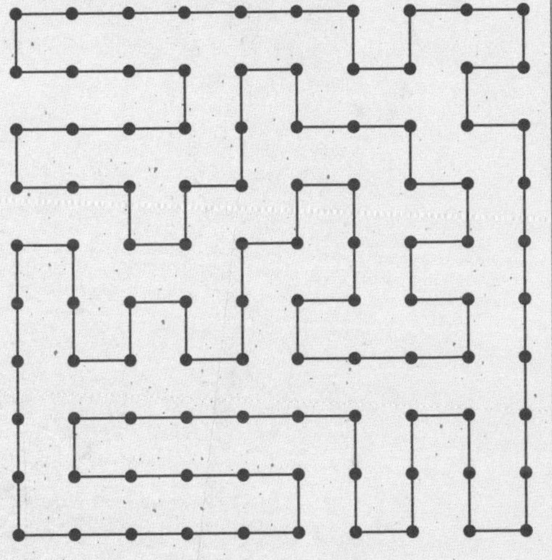

Página 139

Fichas de dominó –

2	5	1	5	6	1	3	0
3	0	1	5	1	5	3	4
4	6	3	4	4	0	0	0
1	1	2	6	1	3	5	2
5	6	4	0	4	6	5	0
2	2	4	3	6	4	2	0
3	1	2	2	6	3	5	6

Página 140

En la cola –

Albert	Arthur	Erwin	Marie	Max	Paul	Werner
4	3	2	5	1	6	7

Un paseo por el bosque – 2 km en dirección este.

Página 141

Calculadora – Galileo.

Página 142

Circuito aburrido –

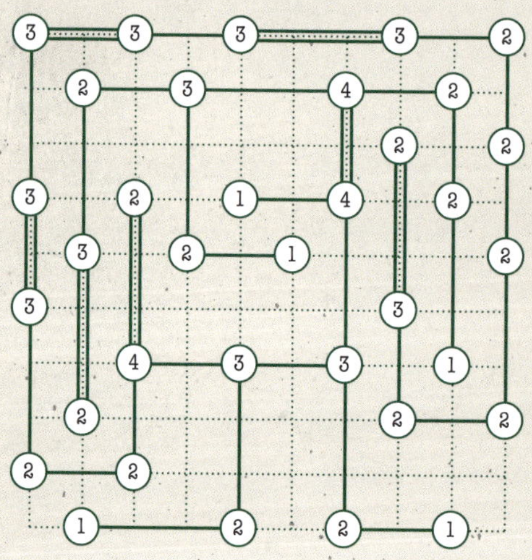

Página 143

El elemento extraño – Todos los símbolos son letras del alfabeto griego, excepto el indicado.

Γ Δ ψ Θ ζ Ξ

λ Ω ⊇ Π β μ

Η Σ χ Ο δ τ

Página 144

Libros bajo llave – 4068.

Página 145

El factor X –

5	7	2	4	9	8	6	3	1
1	9	6	7	5	3	8	4	2
3	8	4	6	1	2	5	7	9
9	5	1	3	8	7	4	2	6
6	4	7	5	2	1	3	9	8
2	3	8	9	4	6	7	1	5
7	2	3	8	6	9	1	5	4
4	6	9	1	7	5	2	8	3
8	1	5	2	3	4	9	6	7

Página 146

Partícula exploradora –

7	9	3	11	20	16	15
10	9	10	11	14	15	14
12	8	7	12	13	16	8
4	4	5	6	18	17	18
19	1	3	19	20	21	21
25	2	25	24	23	22	23
6	2	5	24	13	17	22

Página 147

Los opuestos se atraen –

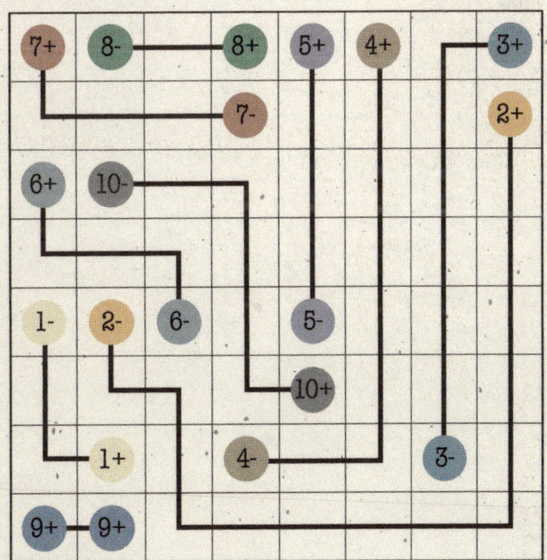

Página 148

Camino de luz – El camino más corto a través del laberinto de la casilla 1 a la 36 consta de siete pasos(1->2, 2->20, 20->23, 23->17, 17->5, 5->35, 35->36) como se muestra a continuación.

Página 150

Enigma de reciclaje – Podrían obtenerse 97 pipetas nuevas.

Enigma cromático –
Sally: roja
Magnus: verde
Vikram: naranja
María: morada

Página 149

A cavar –

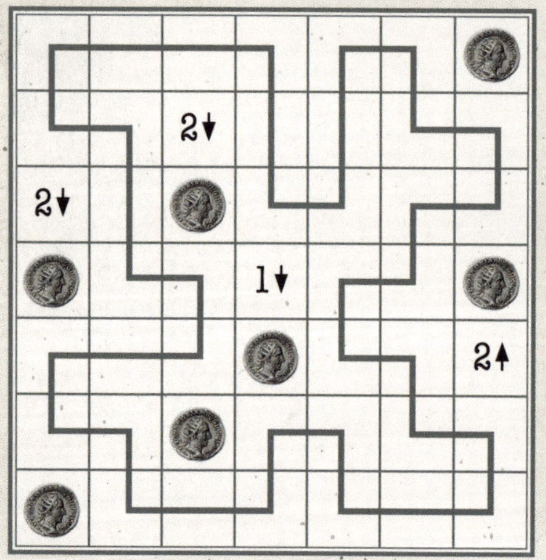

Página 151

Juego de damas –

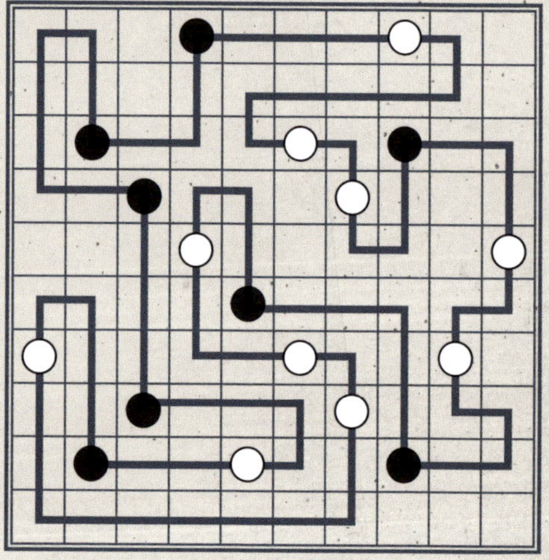

Página 152

Enigma de química – Los científicos son Harden, Joliot, Ramsay y Werner.

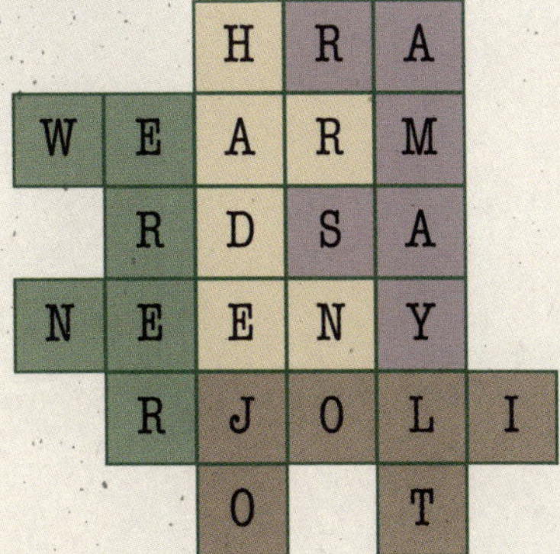

Página 154

Código informático – Alan Turing. El código de este enigma recibe el nombre de cifrado francmasón. La forma que rodea cada letra de la A a la Z en la parte superior de la pantalla es única, lo que permite codificar las letras simbólicamente. Por ejemplo, la letra N aparece dentro de un cuadrado con un punto en la parte inferior central, de modo que cuando aparece un cuadrado con un punto en esa misma posición en la parte inferior de la pantalla, se deduce que representa la letra N.

Página 153

El enigma Curie –

I	R	E	U	C
E	U	C	I	R
C	I	R	E	U
R	E	U	C	I
U	C	I	R	E

Página 155

Inventores – Como se indica abajo, el nombre del inventor es BESSEMER. El nombre se forma leyendo en orden (de izquierda a derecha y de arriba abajo) las letras que no forman parte de los demás inventores.

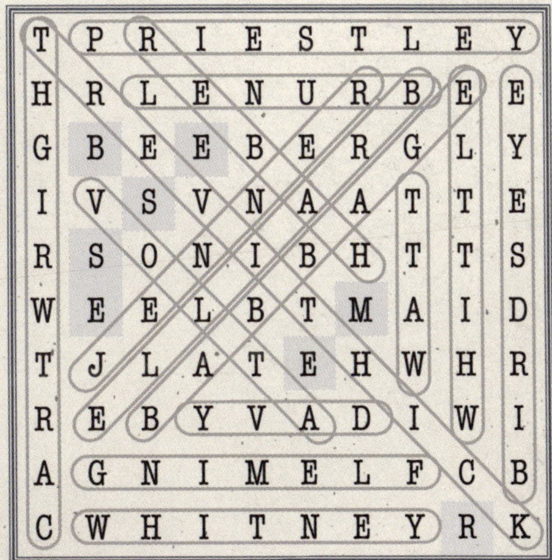

Página 156

Rompecabezas elemental –

He	N	He	Be	C	Li	Be	C
Be	N	Li	Li	B	Be	B	C
Be	H	H	N	Be	Be	C	Li
N	He	B	B	B	H	Li	C
He	C	H	H	B	N	He	He
He	C	N	Li	H	Li	Li	He
N	H	Be	N	B	H	C	B

Página 157

Mala hierba nunca muere –

1	4	5	1	5	1
2	6	3	3	2	3
6	1	2	1	2	6
1	6	3	4	6	5
6	4	3	5	2	4
5	3	2	6	1	3

SOLUCIONES DE LOS ENIGMAS DIABÓLICOS

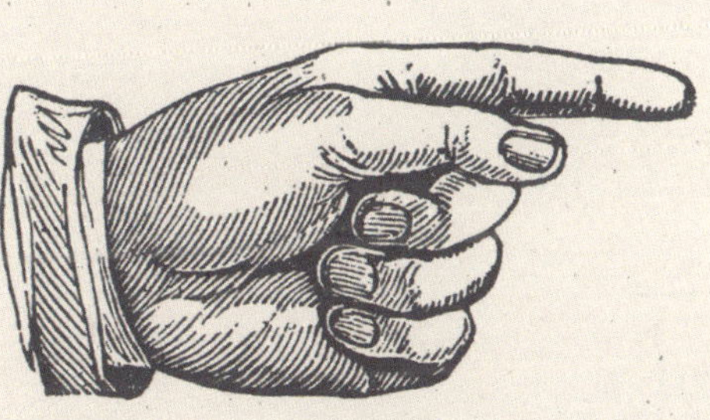

Páginas 110-111

Hexágonos –

5	9	3	7	1	6	8	2	4
4	7	6	9	8	2	1	5	3
2	8	1	3	5	4	6	7	9
1	6	5	2	4	7	9	3	8
3	2	8	6	9	5	4	1	7
9	4	7	1	3	8	2	6	5
6	5	9	4	7	1	3	8	2
8	3	2	5	6	9	7	4	1
7	1	4	8	2	3	5	9	6

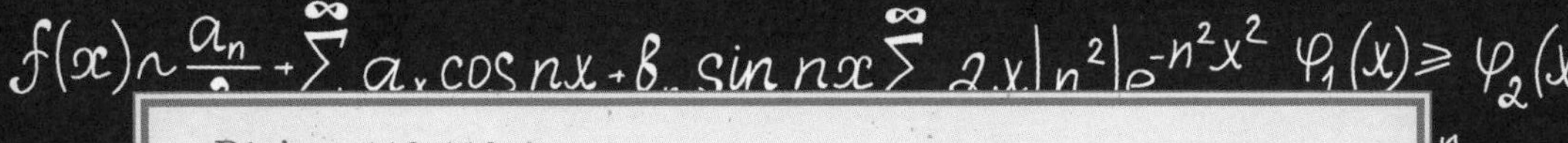

Páginas 112-113

Pelillos a la mar

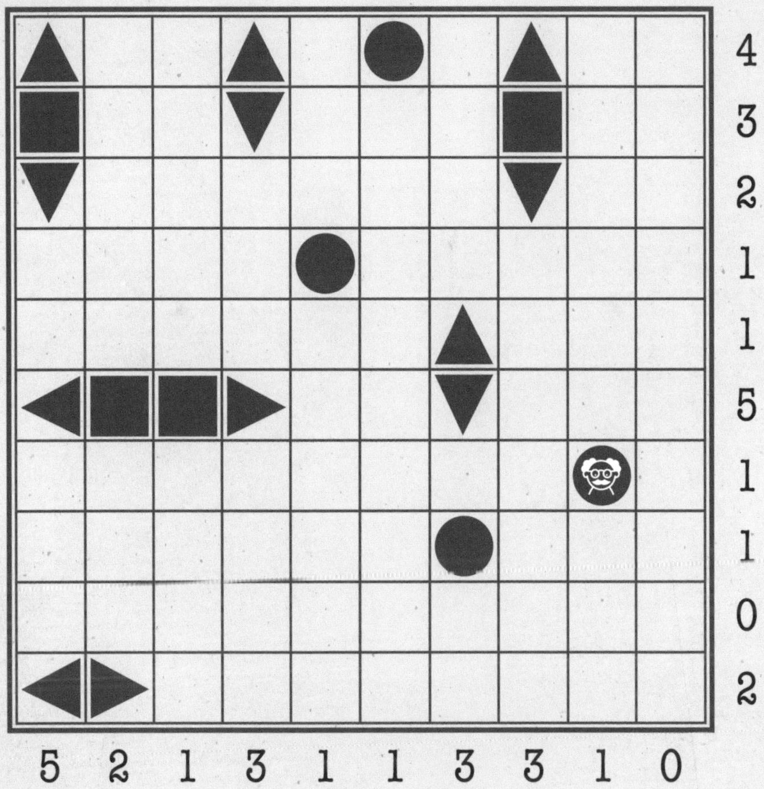

										4
										3
										2
										1
										1
										5
										1
										1
										0
										2
5	2	1	3	1	1	3	3	1	0	

Código: E = 5; I = 1; N = 2; S = 3; T = 4

La clave para averiguar el valor de cada letra es darse cuenta de que hay 20 fragmentos de barcos en la cuadrícula. De modo que, tanto la suma de las letras junto a las filas como junto a las columnas, debe dar 20. A partir de aquí, se puede aplicar la lógica y averiguar los valores de cada una de las cinco letras. Lo más sencillo es probar diferentes valores para la «I» de «EINSTEIN» hasta descubrir que solo hay uno posible. A partir de aquí se asignan los valores de las otras letras. El último submarino y el científico están en la fila 7 de la columna 9.